标签与贴标技术丛书

收缩套标技术

Shrink Sleeve Technology

[英] Michael Fairley　Séamus Lafferty　著

孔玲君　王丹　葛惊寰　等译

U0219727

中国轻工业出版社

图书在版编目（CIP）数据

收缩套标技术 /（英）迈克·费尔利
（Michael Fairley）著；孔玲君等译. —北京：中国轻工业出版社，
2021.11

ISBN 978-7-5184-3304-9

Ⅰ.①收… Ⅱ.①迈… ②孔… Ⅲ.①装潢包装印刷—薄膜技术
Ⅳ.① TS851

中国版本图书馆 CIP 数据核字（2020）第 247902 号

版权声明：

Shrink Sleeve Technology

©2017 Tarsus Exhibitions & Publishing Ltd.

This edition first published in China in 2021 by China Light Industry Press Ltd, Beijing.

责任编辑：杜宇芳　　责任终审：李建华　　整体设计：锋尚设计
策划编辑：杜宇芳　　责任校对：吴大朋　　责任监印：张　可

出版发行：中国轻工业出版社（北京东长安街6号，邮编：100740）
印　　刷：三河市国英印务有限公司
经　　销：各地新华书店
版　　次：2021年11月第1版第1次印刷
开　　本：710×1000　1/16　印张：9.25
字　　数：190千字
书　　号：ISBN 978-7-5184-3304-9　定价：68.00元
邮购电话：010-65241695
发行电话：010-85119835　传真：85113293
网　　址：http://www.chlip.com.cn
Email：club@chlip.com.cn
如发现图书残缺请与我社邮购联系调换
190466J2X101ZYW

标签与贴标技术丛书

编译委员会

主　译：孔玲君　顾　萍　葛惊寰

副主译：郝发义　王　丹　王莎莎

成　员：曹　前　田全慧　周颖梅　刘　艳

　　　　田东文　方恩印　崔庆斌

标签与贴标技术丛书，由上海出版印刷高等专科学校从英国塔苏斯集团引进。该丛书涵盖标签的历史、常规标签印刷工艺、标签设计和创意、标签供给与应用技术、标签装饰和特殊应用、收缩套标技术、模切与刀模、标签市场及应用、环保与可持续贴标、数字标签与包装印刷等标签行业的方方面面，是标签行业的一套百科全书。

由上海出版印刷高等专科学校首次推荐引进的三本教材分别为《收缩套标技术》《环保与可持续贴标》《数字标签与包装印刷》，将作为上海出版印刷高等专科学校与中国印刷及设备器材工业协会标签分会、英国塔苏斯集团共建的标签学院的培训教材。

收缩套标是基于薄膜材料的一种标签形式，具有高质量、防篡改、对复杂形状容器可全身装饰、印刷图文耐磨且防水等特性。我国对收缩套标的需求日益增长，但国内目前缺少一本专门介绍收缩套标技术的书籍。本套丛书中的《收缩套标技术》对收缩套标加工过程中所涉及的图形设计、薄膜基材特性、油墨性能、合掌工艺、套标在收缩烘道和收缩过程中的性能等作了全面介绍，并通过一个个翔实的案例指导读者如何解决日常生产中遇到的故障和问题，无论对收缩套标行业的薄膜与油墨供应商还是印刷加工商来说，都能提供非常有效的指导。

《环保与可持续贴标》为标签加工商和用户开展更环保的标签生产与应用提供指导，并结合案例为标签加工商介绍了具体的环境解决方案，引导标签行业朝着更加绿色环保和可持续方向发展。对于我国从事标签生产的加工商和从业人员来说，这是一本非常值得学习的参考书。对于服务于国际高端品牌商和从事海外业务的标签生产企业而言，这是全面了解国际加工业环保方面的相关法律、法规限制和具体实施要求的参考指南。

近年来，数字印刷在标签和包装领域的发展尤为迅猛，其市场占有量迅速提升。同时，数字印前、工艺流程及技术的自动化也得到长足的进步和发展。《数字标签与包装印刷》一书不仅介绍了数字印刷及印后加工的发展历程和市场应用、技术原理、印刷材料与印刷质量等普遍问题，还从数字印前策略、组合印刷方案，以及企业数字化工艺流程管理等多个方面展开分析和论述，为从事标签与包装行业中应用数字印刷技术的从业人员提供全方位的知识，也为希望向数字印刷领域转型的从业者提供参考。

本套丛书主要由上海出版印刷高等专科学校的教师完成翻译工作，希望能为我国标签行业的各类企业和从业人员提供有益的帮助和技术支持，共同推动我国标签行业向着绿色化、数字化、智能化、融合化的方向发展。

2020年11月

当今有许多不同的标签技术，其中收缩套标具有高质量、可全身装饰、适用于复杂形状容器，且具有防篡改、印刷图文耐磨和防水特性，使得收缩套标技术成为众多不同产品装饰技术中增长最快的一种，具有巨大的市场潜力。

作为标签和贴标技术系列丛书之一，本书围绕收缩套标生产过程的基本原理展开论述，遵循套标的生产工艺过程对收缩套标生产过程的每个步骤进行了深入的介绍，可以帮助读者更好地了解如何制作生产出完美的收缩套标。本书在描述收缩套标的起源、发展及市场发展潜力的基础上，详细介绍了收缩套标生产的各个方面，包括容器形状与收缩工艺要求、收缩套标的基材即薄膜的种类、特性及其选择依据；收缩套标生产的印前工作流程，涵盖套标图形的设计与制作过程中的反失真处理、如何将二维图文设计转换为三维产品呈现等环节；收缩套标的印刷生产技术与油墨的种类与性能要求；收缩套标的加工工艺——分切，合掌（将薄膜加工成套筒状），后加工，裁单张，收缩套标打孔等技术、相关设备与要求；收缩套标类型及其贴标工艺和收缩烘道技术，使套标从二维形态转变为三维状态的具体方法。

本书通过一个个实际的应用案例全面介绍了收缩套标生产的必备知识，尤其是在最后一章结合实际生产中存在一些问题的案例，介绍了容器选择和形状、薄膜选择、图形、油墨选择，分切与合掌、套标的贴标及收缩六个关键方面在实际生产中的经验教训，有助于读者能够进一步了解完美的收缩套标生产过程。本书对于提高收缩套标的生产质量和性能标准，解决收缩套标生产中可能遇到的问题具有积极的参考和指导作用。

本书由上海出版印刷高等专科学校推荐引进，由塔苏斯集团战略发展总监迈克·费尔利（Michael Fairley）和Accraply公司董事长谢默斯·拉弗蒂（Séamus Lafferty）博士等共同编写的《Shrink Sleeve Technology》，获上海新闻出版职教集团项目的经费资助。全书由上海出版印刷高等专科学校的孔玲君、葛惊寰、王丹负责全书的翻译、审核、校对与整理工作，第一章至第七章分别由葛惊寰、曹前、田全慧、周颖梅、刘艳、田东文、方恩印老师完成基础翻译工作。此外，考虑到书稿编排需要，我们对本书中各章的标题做了重新编制，与原文略有不同。

由于本译著的内容较新，相关参考书籍有限，加之我们学识水平有限，书中翻译不当之处在所难免，敬请读者不吝指正。

译者

2020年5月

标签与贴标其他书籍：

标签技术百科全书
Michael Fairley

标签的历史
Michael Fairley & Tony White

数字标签与包装印刷
Michael Fairley

环保与可持续贴标
Michael Fairley & Danielle Jerschefske

常规标签印刷工艺
John Morton & Robert Shimmin

标签设计和创意
John Morton & Robert Shimmin

标签供给与应用技术
Michael Fairley

代码与编码技术
Michael Fairley

标签装饰和特殊应用
John Morton & Robert Shimmin

品牌保护，安全标签与包装
Jeremy Plimmer

模切与刀模
Michael Fairley

信息管理系统和自动化工作流程
Michael Fairley

收缩套标技术
Michael Fairley & Séamus Lafferty

标签市场及应用
John Penhallow

查找最新书目，请登录www.labelsandlabeling.com。

我很高兴也很荣幸与迈克·费尔利（Michael Fairley）合作创作这本书，这本书始于收缩套标加工大师班，由迈克和我共同开发。在标签世界中，迈克有着卓越的声誉，是因为他对行业有着广泛且深入的理解，我很荣幸能够有机会与他和其他专业精通的撰稿人一起工作。

我对收缩套标行业充满兴趣，这贯穿了我从业二十年来的大部分时间。我在这个行业任职的初期，被一个简单的现象所震惊：观察到收缩套标技术同时被视为"新"和"旧"两种截然不同的事物。对于刚刚进入收缩套标领域的许多加工商来说，它们是"新"的，他们对收缩套标的复杂性和潜力十分着迷。对数十年来生产收缩套标的众多加工商，它们是"旧"的，他们不断提高工艺水平并提升质量。我到过全球各地的相关工厂，那里的加工商使自己和其他人都深信该技术是一种时兴的潮流，而这些旅行使我接触到了加工商，他们为其装饰的产品提供了市场领先的设计。如何将"旧"事物同时视为"新"事物，今天仍然令我着迷！

收缩套标的研究并不是什么新鲜事物。实际上，日本在50年前就向世界推出了第一个收缩套标。然而，现在我们正处于这个时代，我们发现收缩套标技术不乏创新和活力，令它继续快速发展和进步。

本书向读者介绍了收缩套标的基础知识，并重新审视了如何指导收缩套标的整个生产工艺过程。如果阅读本书的目的是要了解如何制作收缩套标，那么这个目标还不够。相反，我们的目标必须是了解如何制作出完美的收缩套标。毕竟，收缩套标的生产很复杂，在生产过程的每个工艺环节都需要格外小心并注重细节。尽管标签很复杂，但根据正确的销售终端对全球零售商货架有效销售的影响，它值得投入每一份的精力。因此，生产任何不完美的产品都会给品牌商（极其重视标签对其产品性能的影响）带来损害，并损害了这种标签技术向市场提供的巨大潜力。

本书中各章的安排完全遵循套标的生产工艺过程，并且各章中的信息都将详细描述，力求每一步都能使收缩套标达到完美。

第1章通过追踪收缩套标的起源和发展，描述市场背景，并概述这种标签形式的市场潜力。

第2章介绍了加工过程中的第一步——薄膜的选择，并阐述了合理选择与待贴标容器的轮廓和形状特征最佳匹配的薄膜的重要性。

第3章带领读者从印前流程，说明收缩套标图案设计的元素和方法，并讲解了图案设计的概念化和执行所必需的思维过程，该过程将二维印刷的产品转换为三维的艺术品。

第4章深入研究了印刷过程——在薄膜基材上印刷油墨，这一过程与第2章有关薄膜选择和第3章中有关图案设计元素的知识相关。

第5章介绍了许多读者可能比较熟悉的一些工序，以及一些用于收缩套标加工的特定步骤。传统的分切和裁单张的工序可能已经众所周知，但收缩套标的特殊步骤为合掌，即将薄膜加工成套筒状，这可能是一个全新的概念。此外，收缩套标加工过程具有一些特殊要求，而在进行其他形式的标签加工时通常不需要这些要求。

第6章讲述最后一个步骤，即将加工后的收缩套标套贴到容器上的过程，并随后收缩于该容器的轮廓上。此步骤有重要意义，因为它表示完成的套标从二维变化到三维状态。

第7章回归到这种标签形式，它要求完美无缺，并概述了当生产过程的各个工序与要求不符时，这种标签形式的呈现效果。本章中描述的每一种缺陷都代表着一个机会——一个学习与改进的机会，一步一步地接近那个难以捉摸但却能实现的完美收缩套标。

总之，收缩套标是一个谜，它是"新"的同时也是"旧"的。它展现了一系列令人难以置信的挑战，充满了复杂性和美感。正因为如此，我们今天所拥有的知识很可能会使我们明天无法实现目标。因此，希望接下来的章节能让您对这些基本知识有一个全面的了解，并且当您作为一个从业人员在收缩套标的世界里继续前进时，您的知识将会超出本书章节的内容。

在收缩套标市场工作了近二十年之后，每天能学到的东西都让我感到着迷。我希望大家在这个激动人心且充满活力的行业的旅程能够像我一样充满乐趣和收获！

谢默斯·拉弗蒂（Séamus Lafferty）博士
Accraply公司董事长

当今有许多不同的标签技术，收缩套标技术是众多不同产品装饰技术中增长最快的一种。该技术起源于20世纪60年代的亚洲，直到20世纪80年代才开始在欧洲和北美得到显著发展。到了20世纪90年代中期，全长套标和蒸汽套标的使用才开始出现。因此，这仍然是一种相对较新的工艺。

尽管如此，新千年的发展令人印象深刻，套标技术变得越来越复杂，创造了新的应用和市场，适应了窄幅轮转和数字印刷的潜力，可缩短印刷时间，并提供多种版本和形式，个性化，并适用于不同类型的贴标设备等。

毫无疑问，在过去的十多年里，品牌商和营销团队对套标技术非常感兴趣，这不难理解。收缩套标具有高质量，全身装饰，最大为360°的品牌空间装饰，对复杂形状容器的装饰潜力，以及防篡改的能力，并能提供印刷图文的耐磨和防水特性。

传统上，使用中幅或宽幅的柔性版印刷和凹版印刷生产的套标，现在也越来越多地使用窄幅的柔性版印刷和数字印刷工艺生产，并已集成到标签加工商的综合解决方案中。

但是，尽管套标的生产似乎只是现有标签加工商的另一个机会，但必须要明白，这比在薄膜上印刷要复杂得多。薄膜的种类有很多，不同薄膜具有不同程度的收缩能力，需要了解在创意设计和印前过程中的图文变形过程，还要知道油墨的收缩性和苛刻的性能要求，合掌工艺的要求，以及了解套标在收缩烘道和收缩过程中的性能。

出于所有这些考虑，这本《收缩套标技术》教材才被构思出来。其目的是教育和培训新的和现有的套标生产商，为薄膜、油墨、印刷和加工商提供指导，并帮助他们理解所遇问题的原因，如何识别故障以及可能需要采取的补救措施。

希望读者在未来的业务增长中，提高质量和性能标准，在与现有或潜在的新客户交谈中，在他们日常的套标生产和解决问题的过程中，发现这本书的价值。

迈克·费尔利（Michael Fairley）

标签和贴标咨询总监

标签学院创始人

撰稿人

这本关于收缩套标技术的标签学院教材是在2016年美国标签展览会上为期五个小时的收缩套标研讨会上的演讲嘉宾演讲的基础上编撰而成的。而后每一届演讲嘉宾的会议记录，经转录及添加部分内容，并由各自的演讲者编辑和批准出版。本书中演讲嘉宾的演讲或稿件编辑情况如下：

第1章 ＞　　迈克·费尔利（Michael Fairley）

标签和贴标咨询（Labels & Labelling Consultancy）董事总经理

第2章 ＞　　菲尔·海沃斯（Phil Heyworth）

集团副总裁，市场营销与业务发展Klöckner Pentaplast

第3章 ＞　　巴特·迈斯查特（Bart Meersschaert）

高级应用销售经理艾司科（Esko）

第4章 ＞　　汤姆·哈默（Tom Hammer）

富林特集团（Flint Group）窄幅轮转部门产品总监

第5章 ＞　　本·里特（Ben Ritter）

Accraply公司销售主管，套标和印后加工专家

第6章 ＞　　理查德·霍利特（Richard Howlett）

Accraply公司市场和产品主管，收缩套标

第7章 ＞　　谢默斯·拉弗蒂（Séamus Lafferty）

Accraply公司董事长

致谢

创建有吸引力且成功的收缩套标所涉及的制造和生产阶段，可能比任何其他产品装饰方法都更为复杂。套标用薄膜材料具有特定的性能，印前需要进行图像变形处理，油墨需要特殊的可收缩性能，收缩过程中需要了解套筒的形成、合掌、收缩、热烘通道以及其他可能存在的问题。

考虑到这一点，确定由业内领先的收缩套材料和生产专家组成专家小组。因此，在2016年收缩套研讨会和美国标签展览会上，演讲者同意他们的会议记录可以被转录并进行编辑，以便给行业提供具有领先技术水平的教育培训资料。

这些书籍的贡献者和他们的附属机构都列在"贡献者"页面上。必须特别感谢所有人，不仅感谢他们最初的演讲贡献，而且感谢他们随后为阅读、修改、更新和审核各自章节的内容而投入的时间和精力，还要感谢他们对这本《收缩套标技术》提出的宝贵意见。

另外还要感谢艾司科（Esko）解决方案管理总监简·德·罗克（Jan De Roeck）对有关套标设计、图案、图像变形、可视化和创意的章节中提供的编辑意见。

最后，衷心感谢Accraply公司总裁谢默斯·拉弗蒂（Séamus Lafferty）和Accraply拉丁美洲市场经理肖恩·墨菲（Sean Murphy），感谢他们花了大量时间阅读各章节，添加或编辑内容，提出建议并提供额外的说明材料。如果没有他们孜孜不倦的投入，这本书肯定不会像现在这样全面和详细。

另外，感谢谢默斯·拉弗蒂（Séamus Lafferty）热情地同意为本书写序。

收缩套筒技术的未来发展和增长将很大程度上归功于谢默斯·拉弗蒂（Séamus Lafferty）先生、Accraply公司以及其他行业专家演讲者和这本有价值的标签学院书籍的贡献者。

目录

第 7 章
挑战，学习和追求完美 / 115

第1章

套标与套标技术介绍

什么是套标？

套标的种类

什么时候开始出现

收缩套标市场的规模

工艺流程

特征是什么

投入生产收缩套标

收缩套标技术是所有标签及产品装饰工艺中发展最快的技术之一，越来越多的标签加工商开始投入生产收缩套标。但什么是收缩套标？这项技术是什么时候开始出现的？它能提供哪些不同于其他标签技术的特征？它的关键目标市场和应用领域在哪儿？收缩套标市场的规模又是多少？

1.1 套标的种类及其生产工艺流程

这本书将介绍收缩套标加工工艺过程的艺术性和科学性。我们希望通过本书讲解并提供必要的工具，能够进一步提高现有收缩套标产品的质量，或者对考虑进入这个市场的加工商给予指导，让他们在是否实现这一跨越问题上做出明智的决定。

1.1.1 套标的种类

首先，什么是套标？

套标主要包括三种形式。第一种是拉伸套标，它是将低密度聚乙烯（LDPE）薄膜制成管状，然后将其拉伸并套到容器上（图1-1）。薄膜本身的拉伸力使其可以紧密包裹在容器上。拉伸套标在套标市场中只占很小的一部分，这种套标通常应用于轮廓或形状比较简单的容器上。

第二种套标通常被称为纵向拉伸（MDO）套标，这种纵向拉伸套标有以下两种贴标方式：R.O.S.O.™，即上卷并收缩技术；卷状供料收缩（RFS）技

图1-1　拉伸套标贴标工艺流程

术。R.O.S.O.™以与传统的环绕式标签相同的方式直接套到容器上（图1-2），也就是将其解开并包裹在容器周围，并通过黏合剂、溶剂或超声波，以及激光进行封口粘接。粘贴后，产品穿过热通道，标签收缩并包裹于容器的轮廓上。R.O.S.O.™标签的贴标方式与传统的环绕式标签相同，可完全覆盖容器表面，并且收缩率可达到15%～18%。

卷状供料收缩（RFS）是与纵向拉伸薄膜相关的术语，这些纵向拉伸薄膜具有更好的收缩特性，因此可以应用于形状和轮廓更复杂的容器。

由于形状更复杂，因此容器在贴标过程中不太适合被用作薄膜缠绕的中心轴，故贴标过程变得更加复杂。首先需要将套标材料缠绕在特定的中心轴上，该中心轴要根据被贴容器的尺寸进行适当调整。材料在套于容器表面之前将在此中心轴上进行粘缝粘合。图1-3所示为这种更复杂的方式。

图1-2　R.O.S.O.™标签贴标工艺流程

图1-3　卷状供料收缩（RFS）薄膜在中心轴上成型并下落于容器上进行贴标

总之，R.O.S.O.™套标是环绕和热收缩套筒技术的理想组合，可用于各种类型的容器，达到装饰效果，如塑料、玻璃和金属。此外，它是高速贴标的理想工艺。酸奶饮品、喷雾剂和玻璃瓶只是使用此类标签技术的众多产品中的一部分。

第三种套标技术是热收缩套标，这将是本书的重点。热收缩套标加工过程包括：选择适当的收缩套标薄膜，在薄膜上印刷，将其成型为带接缝的套筒，然后将套筒管切割到所需长度，再让其下落并套于容器上，最后通过烘道收缩。

收缩套标是全球领先的套标技术，它占套标市场的80%以上，并且还在持续增长，是增长最快的标签技术之一。

1.1.2 套标的生产工艺流程

基本上，收缩套标工艺以特定薄膜的热收缩性能为讨论重点（本书将详细讨论），这种技术通常采用里印工艺。印刷后的标签呈卷状，经过合掌机成型及粘口贴合，形成套筒状标签后重新收卷。接下来，接缝后的套标被裁切成容器所需的长度，并经手动或自动贴标设备套于容器外围，随后容器穿过热烘通道，完成整个工艺流程，如图1-4所示。

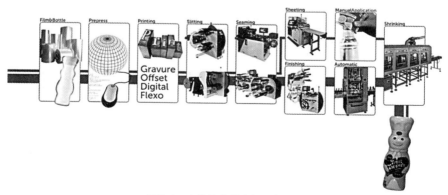

图1-4 完整的收缩套标工艺流程

从图中可以看出，收缩套标加工过程从左侧的容器开始。首先选择需要使用的薄膜类型，然后进行印前制作，由于印刷的图像需要在烘道中收缩，因此印前图像必须进行预变形处理，一般采用印前软件来完成，以便最终贴附在容器上的图像正确无误。此过程采用的印前技术非常复杂，最重要的是能在应用收缩套标的容器上实现最佳的三维图像。

根据图示，下一步是印刷过程，应当选择合适的油墨，能与套标在收缩过程中的热量相匹配；接下来对印刷后的套标卷材进行分切，其分切宽度略大于单个容器的周长；分切后，通过合掌设备将印刷后的卷材在接缝处进行粘合，制成套筒形状；最后，将套标放卷、检查并重新收卷，以便运送到应用套标的工厂。

一旦套标卷膜到达贴标工厂，就会将薄膜展开并恢复成套筒状，然后将套筒切割，切割长度与被套容器的深度匹配，而后使用手动或自动工序将套标下落并包覆于容器上。套标套于容器表面后，就会通过一个收缩烘道得到成品——收缩套标装饰容器。本书将详细研究热收缩套标加工工艺流程中的每个阶段。

1.2 收缩套标的早期发展历程

收缩套标技术起源于哪里？收缩套标来自日本，更准确的说是来自于Fujio Carpentry商店的标签。在20世纪60年代，最早的收缩套标的出现源于对其自身功能的应用，当清酒将其包装从木桶改为玻璃瓶时，它提供了一种防篡改的手段。这一变化也引入了第一个利用PVC薄膜作为防拆密封带的案例。从早期的案例中可以看到，Fujio Carpentry商店（现为Fuji Seal公司）为清酒瓶生产了收缩套标；而如今随着市场需求的改变，收缩套标行业也经历了发展和变化（表1-1）。

表 1-1　收缩套标的发展历程

年代	相关事件
1965	Fujio Carpentry 商店首次使用收缩套标
1967	Fujio Carpentry 商店更名为 Fuji Seal 公司
20 世纪 70 年代	收缩套标开始在欧洲用于促销成对包装
20 世纪 80 年代	日本将单品收缩套标引入欧洲和北美
20 世纪 80 年代中期	收缩套标大规模进入包装市场
1995	第一个全长套标应用于窄口瓶
1995	首次应用半透明全长收缩套标
1996	首次使用蒸汽进行套标加工
2003	首次应用于可口可乐玻璃瓶
2006	首次推出用于 PET 容器的可回收收缩套标

　　20世纪70年代，收缩套标由日本发展到欧洲部分地区，但是直到80年代收缩套标才在欧洲迅速发展，随后也进入了北美市场。到1995年，收缩套标行业取得了长足的进步，它被应用于全长窄口瓶和不同尺寸及形状各异的容器。仅仅一年后，即1996年，该行业又取得了另一项进步——使用蒸汽作为收缩套标精加工的热源。出于对环境保护的更大关注，2006年开发出了首个可回收收缩套标，这是该行业进行创新以满足市场不断变化的需求的又一个案例。

　　近年来，收缩套标的发展已经不局限于大批量应用了。数字印前极大提升了印刷行业的技术水平，中幅及窄幅印刷设备也开始进入收缩套标的生产领域。此外，柔性版印刷、UV油墨、LED UV油墨印刷和数字印刷技术水平也得到了提升。有了这些进步，标签生产商提出："我们如何更好地利用目前使用的技术生产套标？"

　　收缩套标行业的未来显得尤为光明。大家都能看到窄幅和中幅印刷设备在短单印刷中的优势；而贴标设备的技术进步，低速设备的效率也得到了提升；所有这些都为这一令人振奋的行业进一步发展做出了贡献。

1.3 收缩套标的应用现状与趋势

1.3.1 收缩套标现状

收缩套标市场的发展使产品装饰达到了一个全新的水平。我们今天在市场上看到的高质量全身式容器装饰，可在容器包装上最大程度地增加其品牌价值。它提供了精致且各种形状的复杂装饰（图1-5）。此外，收缩套标已经开始应用于金属罐，它为较小的饮料客户提供了性价比更高的选择，可以订购更多的印刷金属罐（图1-6）。其他优势包括将防篡改功能融入套标中，以及在套标上提供隐藏的编码。如今应用收缩套标可以减少塑料瓶和玻璃瓶的壁厚，并增加容器的强度和刚度。一般来说，收缩套标用的薄膜具有耐用性、耐磨性和防水性（如上所述，图像印刷在套标的内侧），因此，收缩套标已经成为当今越来越引人注目的产品装饰解决方案。

图1-5　运用收缩套标装饰的各种形状复杂的瓶子

图1-6　用收缩套标全身装饰的金属罐

1.3.2 市场上现存的收缩套标

今天，市场上的收缩套标已经很常见了。表1-2给出了按市场规模划分的收缩套标的主要类别，可以看出饮料、乳制品和食品是收缩套标应用最广泛的行业。但是，随着市场对收缩套标技术的进一步认可，我们发现洗涤剂、化妆品、宠物食品、油漆和其他消费品等产品的品牌商也开始采用这类标签。市场上收缩套标在装饰容器轮廓的广度方面令人着迷，它能应用于具有狭窄的颈部，凹凸形的容器，甚至具有不同轮廓线条的瓶子。收缩套标释放了新的创造力，通过造型独特的容器与醒目的设计搭配，其潜力几乎是无限的。

表1-2　收缩套标主要应用分类

序号	分类	实例	备注
1	饮料	能量饮料，果汁，烈酒，啤酒	
2	食品	乳制品	
3	化妆品，健康和美容产品		
4	家用清洁产品	洗涤剂，肥皂，清洁剂	
5	药品和保健品		产品安全和防篡改
6	包装消费品 / 零售产品		

1.3.3 套标市场规模有多大?

相对于其他类型的标签，套标在整个标签市场中占有重要份额，如图1-7所示，对于所有类型的标签，套标市场呈稳步增长，接近于全球标签市场份额的1/5。

不干胶（或称压敏）和湿胶标签是全球市场占有率最大的标签种类，按总量计分别为36%和39%。但是，如果更仔细地研究西方市场，我们发现不干胶标签占市场的42%～43%，湿胶标签占32%～35%。而当我们观察特定

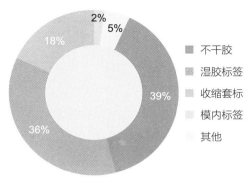

图1-7 按贴标技术分类的全球市场份额

的地理位置时，收缩套标在整个市场中所占的比例更高，例如亚洲市场，尤其是该技术发源地日本，为套标最大的市场。

AWA在2016年中期发布的最新研究报告中指出，目前套标技术的年增长率预计为每年4.5%～6.0%。持久性市场研究（Persistent Market Research，PMR）在2016年12月发布的一份报告显示，套标市场的年增长率为5.2%，而全球整个标签市场的增长率约为3.5%。实际上，与标签行业的增长有关的最佳数据显示，在过去30年中，标签市场每年的增长率在3.5%～6.0%，通过预测可以预计这种趋势将在未来几年持续下去。

现在，我们来更深入地研究套标市场的数据。首先看整个市场的规模，AWA估计总市场规模为105亿平方米。收缩套标技术在整个套标市场上占据了87%的市场份额，拉伸套标占9%的市场份额，而R.O.S.O.™套标占了其余部分。目前，套标技术的年增长率预计在4.5%～6.0%，这使套标成为所有标签技术中增长最快的一种。

1.3.4 全球增长的格局和趋势

套标技术的全球主要市场在哪里？我们已知它是日本发明的，如图1-8所示，亚太市场仍然是该技术的最主要市场，并占极大的比例。据估计，该地区的年复合增长率最高，这主要归因于中国、印度和东盟国家对饮料和包装食品的需求不断增长。

正如本章前面所提，收缩套标在渗透亚洲市场后不久便进入了欧洲市场，尽管现今预计欧洲套标的增长在未来几年中会略微不平衡，但在欧洲目前已占世界标签市场的20%左右。

这项技术在欧洲应用了多年之后，北美紧随欧洲引入收缩套标技术，但是北美的传播和增长速度却保持稳定。北美市场仍然略小于欧洲，但现在有多个市场参与者，预计未来在相关投资加大的基础上，将获得进一步的发展。

拉丁美洲和非洲的某些地区是最近才开始采用收缩套标技术的国家。这些地区的市场增长预计在2017—2021年将有所放缓。

由于收缩套标在亚太地区的市场渗透率很高，因此该行业的目标是在欧洲和北美实现与亚太地区相同的渗透率。为了给北美（尤其是美国）收缩套标的增长率提供一些背景信息，图1-9（来自行业资源）中显示了收缩套标市场在2000年和2014年的规模。在这14年的时间里，收缩套标市场增长了近10倍。

在查看全球套标市场的历史以及到2020年的预测增长后（图1-10），可以观察到热收缩套标（柱状条下方）是套标技术发展的主导力量。拉伸套标的

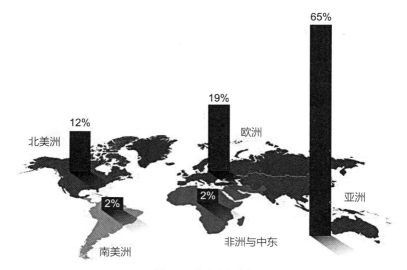

图1-8　全球套标市场

的增长显示在柱状条中部，而R.O.S.O.™套标和其他技术则显示在柱状条顶部。到2020年，热收缩套标的预计销售量将超过105亿平方米，这是标签行业关注的焦点。

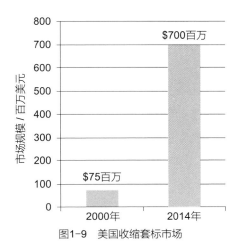

图1-9　美国收缩套标市场

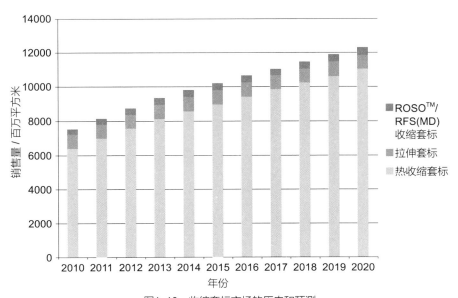

图1-10　收缩套标市场的历史和预测

1.4 用于收缩套标的薄膜

薄膜对于收缩套标来说非常重要。不同的薄膜以不同的速率收缩，以适应不同形状的容器和不同的容器材料。

市场上可用的收缩膜材料的主要类型如下：PVC——聚氯乙烯、PETG——改性聚对苯二甲酸乙二醇、OPS——定向聚苯乙烯、OPP——定向聚丙烯、PE——聚乙烯和PLA——聚乳酸。

在后面的章节中将更详细地讨论这些薄膜，但是目前最重要的是要理解薄膜的选择取决于应用方式，比如要装饰的容器形状和大小、容器的材料组成，以及在本书学习过程中将探讨的其他因素。

1.5 套标生产

为了生产出高质量的收缩套标装饰容器，我们必须了解从设计、印前到印刷、分切、套标成型、贴标和收缩的各个生产阶段，并紧密套贴于容器上。套标生产的关键阶段如下：

①设计和印前制作。

②卷筒供料薄膜印刷。

③将卷材分切成标签宽度。

④成型为套筒状并合掌。

⑤对套标进行复卷。

⑥将套标裁切至所需长度，然后贴标于产品容器上。

⑦将薄膜收缩在带产品或容器上，使其紧实，紧贴。

收缩套标装饰中的一个重要挑战是创意，或称为设计和图像准备。在印前设计中，必须预测薄膜的收缩变形程度，以便印刷薄膜在容器表面收缩后，图案可准确呈现且不会变形。设计与印前制作中对变形处理包括以下几个方面：

①预测收缩程度。

②对随后的变形进行数字化处理。

③提供3D预览。

④在套标上展示变形效果。

⑤对设计图稿进行预变形补偿。

因此，收缩套标工艺的印前步骤是十分复杂的，包含大量的工作，并且需要反复试验，最终通过预测二维平面到三维目标的变化对收缩套标进行设计。

值得庆幸的是，印前软件技术的进步为用户提供了逼真的效果，也展示了设计图案在模拟试验中将如何变形，同时也能展现最终产品的外观，从而节省了反复试验所耗费的时间，而这是收缩套标工艺中十分关键的步骤。本书将在第3章中对此进行更详细的讨论。

在第3章中讨论了创意设计和印前处理之后，本书将在第4章中讨论印刷和油墨的选择过程。柔性版印刷被预测为未来几年中套标首选的印刷技术，但是轮转凹版印刷和平版胶印技术仍得到广泛应用。借助墨粉和喷墨技术，数字印刷近来越来越受欢迎。同样，各类油墨的化学性质也有所不同，并且会根据承印材料的不同而表现出不同的印刷适性。当薄膜在收缩通道中收缩时，油墨的化学性质需要与薄膜保持一致。

印刷后，将卷料分切成正确的宽度，以便将其成型或缝合成套筒状。合掌是将收缩材料的边缘与溶剂一起粘接以形成套筒的过程，然后将其切割或重新缠绕成卷筒。贴缝的位置会因各个不同的收缩套标而异，具体取决于容器的形状和样式、自动或手动贴标的形式以及印前图案的设计等。分切和合掌也有专门的术语，例如"平放宽度""分切宽度""接缝位置""上胶宽度""U形折叠""跳涂与漏涂"和"溶剂控制"。所有这些术语，以及折叠和成型，收卷与摆动，监测和检查技术，都将在第5章中详细讨论。

贴标与热收缩是收缩套标生产链中的最终环节。到目前为止，所有章节都将介绍如何生产高附加值、高质量的标签。但是，正是在这个过程中存在一些重要挑战，使得此阶段与前面的步骤一样重要。本书还将介绍一些新术语，例如"重叠边缘""重复长度""剪切长度""空白区域""回卷"与"开花和褶皱"，在检查各种类型的套标贴标设备，不同的套标生产方案，以及收缩通道和附件等之前，必须对所有术语有深刻的理解。以上所有方面将在第6章中介绍。

1.6 新的发展

不断创新对收缩套标的市场扩大和发展具有积极意义。最新的技术包括变色和荧光套标，限量版和个性化套标，包含隐形奖品和优惠券的套标，多件装套标，可生物降解薄膜和共挤薄膜套标，轻便容器（用于节省成本）套标，可微波加热套标，以及收缩烘道技术的进步。此外，套标行业还为形状复杂的容器引入了全长度的容器表面装饰，将瓶身标签和防篡改技术、360°全方位装饰，以及各种表面处理技术（例如磨砂，高光和珠光）结合起来，从而达到减少塑料容器壁厚，并提升紫外线阻隔性能的目的。

总而言之，收缩套标行业仍然像以往一样充满活力。在全球任何地方都具有巨大的增长潜力，这种标签技术为标签加工商带来的机会（更别提通用市场）几乎是无限的。收缩套标使消费者被产品容器栩栩如生的形状、设计、颜色和纹理所吸引，产生购买欲望。品牌商渴望在销售过程中使用这项技术，并与消费者分享其品牌故事。在未来几十年中，收缩套标仍将继续激发市场潜能。

第 2 章

收缩套标的基材和用途

收缩率是多少？

收缩烘道效应是什么

如何选择收缩套标

容器的特性

容器特性

用途是什么

如何影响基材的选择

第2章概述了收缩套标的基材、用途以及如何选择。本章所提的规则并不是一成不变的，而是为从业者在收缩套标生产过程中提供建议和指导。

2.1 概述

热收缩套标基材由多种聚合物组成，包括聚氯乙烯、白色不透明膜、定向聚苯乙烯、聚酯、聚烯烃、混合膜/多层膜。其中，最常见的基材有OPS（定向聚苯乙烯）、PVC（聚氯乙烯）、PETG（改性聚对苯二甲酸乙二醇）和聚烯烃。此外，复合膜、混合膜或多层膜以及特殊膜（如白色不透明膜），也完善了收缩套标基材。在选择最合适的解决方案时应考虑薄膜不同的性质和特性。

除了基材之外，选择薄膜时还必须考虑某些容器特性甚至环境等很多因素，如：挤压性能、收缩力、印刷质量、最大收缩率、自然收缩率、微笑和皱眉效应。

例如，我们必须考虑可挤压性：容器是否可挤压，应该选择哪种基材使其易于挤压？另外，磨损如何？当材料应用到终端产品并运输时，其性能表现如何？它将被包装成一个半托盘的包裹，还是用纸板保护？收缩力如何影响薄膜的选择？这些都是选择基材时必须考虑的几个方面。

还有其他一些一般性考虑因素。例如光敏性，如果产品对光敏感，我们必须将此变量纳入所选择的基材类型中。同样，如果产品在从生产设施到货架的整个过程中经历了粗暴的搬运，我们在选择基材时必须要考虑到这一点。简而言之，在选择基材时，需要考虑一系列因素。

2.2　容器特性

　　容器的形状和特性是选择收缩膜的出发点。图2-1所示的容器是喷雾瓶，其形状不对称，具有长边。这种类型的容器可以是圆形的或正方形的，也可以是具有长边的形状。每种类型的容器都有不同的特性，这些特性将决定该容器选择哪种材料作为最适合的收缩套标基材。

图2-1　容器形状

　　选择合适基材意味着需要首先考虑容器的一些基本问题，包括以下四方面：

　　①最大收缩率是多少?

　　②收缩力高还是低?

　　③产生怎样的收缩烘道效应?

　　④需要考虑的其他因素有哪些?

　　最大收缩率至关重要。薄膜需要充分收缩，从而不会出现"开花"现象。当薄膜收缩不足时，会导致顶部或底部"开花"，因此，基材必须足够收缩以完全覆盖要装饰的容器。如果不要求套筒伸到窄颈部的顶部，它将需要相对较低的收缩率。

　　需要高收缩力还是低收缩力? 收缩力是薄膜收缩时施加在容器上的力，

是另一个重要的考虑因素。收缩力系数需要考虑的因素，如收缩烘道类型和收缩烘道效应，将在本章后面更详细地讨论。现在，我们将逐一讨论这四个基本问题。

2.2.1 最大收缩率

关于最大收缩率，有几个因素需要考虑。一个因素是容器的形状和覆盖它所需的最大收缩率。其他考虑因素包括容器轮廓，容器壁厚，容器是否已填满以及烘道类型。容器有肋条吗？是喷雾瓶吗？它不对称吗？

收缩率的计算如公式（2-1）所示。最窄直径和最宽直径如图2-2所示。然后，再增加1%~2%，以增加平整度和安全性。这样，就可给出基材所需的最大收缩率。

$$收缩率 = \left(1 - \frac{最窄直径}{最宽直径}\right) \times 100\% \qquad （2-1）$$

最窄

最宽

图2-2　最窄直径和最宽直径示意图（资料来源：Klöckner Pentaplast）

那么，什么是平铺附加尺寸，为什么我们需要它？收缩套标的平铺是指将收缩套标制成管子然后将其弄平。从扁平管的一侧到另一侧的测量距离称为平铺（更多信息可以在第5章和图5-18中找到）。如果平铺尺寸与容器的周长完全相同，则套筒将无法顺利地套在容器上，并且会被卡住。机械应用制造商会建议需要的平铺附加尺寸可以是5mm或10mm左右，这取决于容器的形状以及肩部的形成方式。例如，如果容器的肩部很陡，则平铺尺寸将需要更大一点。我们还必须考虑收缩套标的贴标速度，当运行速度更快时，将需要更大的尺寸。例如，如果速度为400瓶/min，贴标机供应商将建议需要特定的平铺尺寸，并且该特定的平铺尺寸进入我们的计算中。

根据公式提供所需的总收缩百分比，务必购买收缩率略高于总收缩率的薄膜，以确保其在容器上完全收缩。在前面提到的示例中，例如，收缩60%。则应购买收缩率为62%的薄膜。

2.2.2 收缩力

收缩力如何影响基材的选择？肋条或轮廓有什么影响？我们假设容器有肋条，弱收缩力将不能把薄膜拉入肋条并贴合，它只会"架桥"于它们之上。当消费者使用该容器时，将能够感觉到肋条上的松散薄膜，则会认为收缩套标便宜且不合时宜。为了获得良好的用户体验，薄膜应拉入肋条并紧紧固定在肋条上——因此需要更高的收缩力。

但是，如果容器是空的，尤其是强度较弱的容器（例如空的HDPE容器被套上收缩套标），那么高收缩力会使瓶子在收缩烘道中变形。当薄膜收缩到容器上时，薄膜强度足以扭曲瓶子。这可能意味着瓶子无法装满，也无法加盖。简而言之，容器的壁厚，烘道类型，容器是空的还是装满的，都与基材选择有关。

2.2.3 收缩烘道效应

松弛特性是另一个重要的考虑因素。当一个空的HDPE容器通过收缩烘道时，它将在收缩烘道中停留5～10s，具体时间取决于烘道的长度、生产线的速度等。容器在通过烘道时会因热量而膨胀。在收缩烘道内当标签收缩到膨胀的容器上时，标签将紧贴在容器上。然而，当它从烘道出来并返回到环境温度时，容器会收缩回来。

那套标会怎样？套标不会收缩回来，也不会再贴紧容器，变松后可以在容器上旋转，即薄膜不会随着容器"收缩"回来。这种松弛感给顾客带来不好的感觉，因此，我们需要的是一种薄膜，当容器冷却时，它会随着容器收缩。随着容器尺寸减小，薄膜需要随之收缩并保持紧密。这被称为"松弛特性"，即薄膜需要随容器而"松弛"适应。

现在，我们来讨论微笑、皱眉效应。对于长边椭圆形容器、方形容器或喷雾器，如果选择了错误的材料，收缩套标将从容器长边的底部"向上拉"，这种效应叫作"皱眉效应"。类似的效果也发生在容器的顶部，标签会下拉，并引起"微笑效应"，这在零售货架上显得很难看，如图2-3所示。经销商不想要这样的标签，品牌商当然更不喜欢。有些材料具有抗"微笑效应"和"皱眉效应"的性能，但也有其他材料可能存在这种"微笑效应"和"皱眉效应"。为特殊形状的容器选择合适的基材是很重要的，如果是一个圆形的容器，那么它就不那么重要了，但是在一个长而直的容器上，它可能是非常重要的。

图2-3　收缩烘道效应（来源：Klöckner Pentaplast）

2.2.4　其他考虑因素

在选择合适的基材时，还有许多其他的事项需要考虑。

①品牌拥有者是否接受PVC?

②是否需要遮光?

③是否需要紫外线照射?

④产品如何运输?

⑤可回收性如何?

2.2.4.1 品牌拥有者是否接受 PVC

品牌商是否接受聚氯乙烯? 聚氯乙烯是第一种用于收缩套标的材料。从许多方面来看，它被认为是一种出色的收缩套标基材。但是，出于环保考虑，一些品牌商认为PVC存在一些问题。因此，首先要考虑的因素是："品牌商允许使用什么材料? 品牌商会接受PVC吗?"这是一个影响基材选择的基本问题。

2.2.4.2 遮光

某些饮料需要防止光线的影响，因此在选择材料时，遮光成为另一个考虑因素。例如乳饮料、等渗饮料和无菌包装饮料等。此外，如果产品中含维生素，特别是核黄素，也需要防止光线的影响。最后，饮料的口味和风味属性也会受到光线的影响。总之，当可见光和/或紫外光可以破坏或改变被包装产品的性质时，我们必须考虑套标的遮光性。

2.2.4.3 紫外线检测

某些贴标机使用紫外线检测来确定套标是否正确套到了容器上。因此，在套标薄膜中需要添加荧光增白剂。贴标机可以"看到"套筒是否正确放置在容器上，如果没有正确放置，则会将容器从传送带上移开。印刷机可以将荧光增白剂（OB）印刷到承印物上，但是如果薄膜上印刷的荧光增白剂褪色，则可能会导致大量套标被废弃，因此，在承印物中混入荧光增白剂会更加可靠。

2.2.4.4 运输

在美国，许多饮料是使用带有捆扎包装的半托盘运输的。这些容器紧密地包装在一起，在运输过程中经常会相互摩擦，容器上的收缩套标可能被擦伤或损坏，从而导致产品外观不美观。因此，在选择收缩套标基材时要考虑的是薄膜基材所需具备的耐磨损性。

2.2.4.5 可回收性

已经印刷的收缩套标本身通常不能作为透明的可回收聚合物，但是，装有套标的容器通常可以回收。因此，在选择基材时要考虑的是在回收系统中如何将套标与容器分离，套标需要从容器中取出，以便容器（和套标分开）可以回收。最近，随着越来越多的容器使用套筒标签，这已成为越来越重要的考虑因素。

2.3 标签膜的类型和特征

在讨论了容器及其特性之后，现在我们将开始研究可使用的薄膜及其特性。哪些材料最适合用于哪些应用？我们将研究每一种收缩薄膜的关键特性及其主要技术细节。

2.3.1 PVC（聚氯乙烯）

聚氯乙烯是最古老的收缩薄膜，也是一个了不起的全能膜。该膜加工性、印刷效果、收缩率好，收缩曲线大。它可以用于轮转凹版印刷、凸版印刷、胶版印刷和柔版印刷等方式，且可使用UV、溶剂或水基油墨，是一种很棒的材料，可以提供相应的紫外线防护等级和光学增白等级。它已经存在很长时间了，以至于有可能获得各种变化的PVC膜，分为低收缩率、中收缩率和高收缩率等不同类型。但是，如前所述，使用这种薄膜的主要问题是品牌商是否会接受它。

PVC（聚氯乙烯）的特性归纳如下：

①PVC是薄膜标签的传统支柱。

②加工性能好。

③适合所有印刷方式。

④可以满足紫外线防护和荧光增白剂的需求。

⑤可能不符合品牌的环境标准。

表2-1列出了PVC薄膜的技术细节。可以看出，PVC的收缩率在55%～65%，为中档。PVC的收缩力适中，可能会压碎空的容器。在空HDPE容器上PVC不会收缩回来，从而导致容器上的套标松散。PVC的耐磨损性中等，虽优于OPS，但不如PETG好。最后，PVC的可挤压性很差；在可挤压的容器上，套筒会起皱，导致顾客感觉很差。

表 2-1　PVC 薄膜的技术指标（资料来源：Klöckner Pentaplast）

项目	指标	项目	指标
收缩率	55% ～ 65%	耐磨损性	一般
收缩力	中等	可挤压性能	差
松弛性能	差	自然收缩率	好
抗微笑 / 皱眉性能	差	印刷性能	好

另一个值得一提的术语是自然收缩率，这是与经销商有关的术语。购买一卷薄膜后，它将被存储在经销商的仓库中，根据仓库的温度，薄膜将逐渐收缩（蠕变）。通常，收缩是不明显的，如PET几乎不会收缩，OPS会大幅收缩。具有较大自然收缩率的薄膜可能会在印刷时缩水。印刷后，薄膜将进入仓库，除非仓库保持非常低的温度，否则它可能会继续收缩。如果经销商的仓库在高温地区，OPS可能很难管理。PVC的自然收缩率很好，也就是说，当仓库保持合理的温度时，它几乎没有自然收缩。自然收缩率涉及印刷和加工的材料，换句话说，一旦将其收缩到容器上，自然收缩就不再是问题。

2.3.2 PETG（改性聚对苯二甲酸乙二醇）

PETG通常仅称为PET。然而，没有收缩套标是由纯PET制成的，每个PET收缩套标均由经过某种方式改性的PET制成。这种改性薄膜的通用术语是PETG。它透明，在所有收缩薄膜基材中具有最大收缩率。如果经销商要求收缩率达到75%或更高，这是唯一的基材选择。它会一直收缩到啤酒瓶或2L饮料瓶的狭窄颈部。当品牌商不允许使用PVC时，PET则是一种非常好的选择。它手感好，并且具有出色的印刷表面，外观鲜艳。当把PET和PVC并排放在一起比较时，可发现PVC的印刷效果不错，但PET的印刷效果会更胜一筹。PET基材还可以防紫外线，具有保护标签的作用，或者在更高级别的保护要求下，可以保护产品内容物。为进行套筒检测，还可以获取含荧光增白剂的PET。它在蒸汽烘道中烘道效应很好，我们将在后面讨论。如果处理得当，它也可以在热风烘道中加工。

PETG的特性归纳如下：

①透明薄膜。

②在所有薄膜中具有最大收缩率。

③通常在无法使用PVC的情况下使用。

④易加工处理。

⑤出色的表面印刷性能。

⑥可以满足紫外线防护和光学亮度需求。

表2-2列出了PETG薄膜的技术细节。从表中可以看出，PET的最大收缩率为75%或更大。而收缩力高会压碎空容器并使其变形。PET的松弛性能差，因此如果有一个空的HDPE容器在收缩烘道过程中膨胀，那么PET套筒不会随着容器收缩而收缩回来，使其不能紧贴在窗口上。然而，它是一种坚韧耐用的材料，并具有最佳的耐磨损性。当将两个容器放在一起并摩擦时，即使在长途运输后，它们仍然看起来没有瑕疵。对于玻璃或金属容器，推荐使用PET。玻璃紧挨着玻璃会有擦伤，因此需要使用PET套标。PET的自然收缩率很好，并且如前所述，PET非常适合印刷。

表 2-2 PETG 的技术指标（资料来源：Klöckner Pentaplast）

指标	要求	指标	要求
收缩率	75%+	耐磨损性	优秀
收缩力	中等~高	可挤压性能	差
松弛性能	差	自然收缩率	好
抗微笑/皱眉性能	取决于等级	印刷性能	优秀

但是，关于PET值得一提的是微笑和皱眉效应，目前有几种级别的薄膜可供选择，其中一些是专门为抗皱眉或抗微笑效应而设计的。在用于长边、非圆形容器时必须小心。

2.3.3 白色不透明膜（不透明 PETG）

目前，市面上有几种白色不透明薄膜，包含各种矿物填料的PET薄膜，可以选择有光泽和无光泽的薄膜。如果需要遮光，白色不透明薄膜将提供70%~80%的遮光率。为了获得99%~100%的遮光率，需要在薄膜的背面印刷黑色。这方面的例子有美国的Nesquik或Fairlife乳制品饮料等产品。当去除标签时，套筒内侧会显示100%的黑色。值得一提的是，不应在接缝上印刷黑色。印刷的黑色保护内容物免受光照。但是，如果仅出于美观目的选择白色不透明薄膜，则无须印刷反面的黑色。

白色不透明膜的特性归纳如下：

①市面上有光泽版和亚光版薄膜。

②需要表面印刷和上光。

③完全遮光所需的黑色背面（印刷或双色）。

④有些亚光薄膜能漂浮。

白色不透明薄膜的收缩率与透明PET薄膜的收缩率非常相似，大约为75%（表2-3所示）。市场上的新产品是双色薄膜，一面呈白色，另一面呈黑色或灰色。这些薄膜提供完全的遮光效果，而不需要在反面印刷100%黑色油墨。例如Klockner Pentaplast的"Eklipse"产品。

表2-3　白色不透明膜的技术指标（资料来源：Klöckner Pentaplast）

指标	要求	指标	要求
收缩率	75%+	耐磨损性	优秀
收缩力	中等～高	可挤压性能	差
松弛性能	差	自然收缩率	好
抗微笑/皱眉性能	依赖等级	印刷性能	一般来说不错，但亚光薄膜有时用在凹版印刷有困难

　　白色光泽薄膜的印刷效果与PET几乎相同，非常好。除凹版印刷外，白色不透明薄膜通常都可以很好地进行印刷。白色不透明薄膜的表面不平整，这会导致亚光效果。收缩套标通常采用凹版印刷：例如，亚洲是100%凹版印刷；欧洲可能是50%；在北美，在收缩标签业务中，凹版印刷是30%～45%。在印刷过程中，当磨砂表面连接到凹版印刷滚筒时，油墨需要从滚筒中的微小单元中流出并转移到承印物上。任何薄膜表面的变化都会导致10%的半色调网点出现问题，油墨不会彻底地从网穴中流出。将油墨从凹印槽中拉出不会产生毛细管作用，从而导致漏点。因此，对于10%、15%或20%的高光半色调，则会出现印刷图像不清晰的问题。静电辅助（ESA）有助于改善，但不能完全解决问题。此外，许多印刷商出于安全考虑，对使用溶剂的凹版静电辅助ESA持谨慎态度。在白色不透明薄膜上印刷时，若采用胶印或柔印，通常不会遇到这种问题。

2.3.4　OPS（定向聚苯乙烯）

　　OPS中的"定向"一词仅仅意味着它被拉长了。OPS是一个很好的材料，然而，加工商需要熟悉如何使用它，特别是用于凹版印刷时，这是一个棘手的印刷问题。无论是在仓库里，还是在印刷出来寄给客户之后，它都有可能会收缩，并且很容易在稍微升高的温度下收缩。

使用OPS薄膜时要格外小心，这是石油和化学品薄膜所无法比拟的。溶剂型凹版印刷通常使用醋酸盐和酒精的混合物，其中醋酸盐的含量较高，而酒精的含量较低。如果将一滴醋酸盐滴在OPS膜上，它将直接在膜上烧出一个洞。这表明OPS膜对醋酸盐的抵抗力很弱，但印刷商仍希望用它们来进行溶剂型凹版印刷。要用OPS薄膜印刷，必须酒精含量较高，而醋酸盐含量较低，并使用富含酒精的油墨系统，要求去除印刷机中的已有油墨，并采用专用OPS油墨。当加工商后续要印刷PVC或PET薄膜，将需要清除OPS油墨，并补充其他油墨到印刷机中。

定向聚苯乙烯的特性如下：

①是一种有特殊用途的透明薄膜。

②印刷效果不如PET。

③很难加工，需要非常精细的处理。

④使用溶剂油墨印刷时要特别小心：凹版印刷需要较少的醋酸盐，因为它会侵蚀OPS。

⑤在热风烘道中表现好。

有可以同时印刷PET和OPS的组合油墨，但是使用这些油墨意味着要仔细选择基材。OPS提供了中等到相当高的收缩率，如表2-4所示。特殊的OPS，其收缩率可能会高于65%。

表2-4　定向聚苯乙烯的技术指标（资料来源：Klöckner Pentaplast）

项目	指标	项目	指标
收缩率	55% ~ 65%	耐磨损性	差
收缩力	非常低	可挤压性能	优秀
松弛性能	优秀	自然收缩率	差
抗微笑 / 皱眉性能	优秀	印刷性能	需要小心

对于使用OPS收缩套标的空HDPE容器，通过收缩烘道时，OPS收缩套标的松弛特性极佳。OPS非常擅长收缩回来，因此，如果容器已经膨胀并且

OPS已收缩到其上，那么当容器冷却并收缩时，OPS会随其收缩（放松），它会保持紧贴在容器上。但是，若将两个OPS收缩套标容器放在一起摩擦，3~4次就会出现磨损。10次摩擦后，薄膜上就会有一个洞。这是一个耐磨性非常弱的薄膜，所以，如果粘贴OPS收缩套标的容器需要长途运输，这是不可取的。

就可挤压性而言，OPS没有皱纹。挤压OPS并恢复其形状，将其形状恢复为膨胀瓶的形状。出于这个原因，品牌商喜欢它，但是在加工和印刷时需要小心。

2.3.5 Polyolefin（PO）聚烯烃

聚烯烃收缩套薄膜通常是由聚乙烯（PE）和聚丙烯（PP）组合而成。聚烯烃薄膜的特性如下：

①是一种具有中等透明度的可漂浮薄膜。

②印刷效果很好。

③需要电晕处理。

④通常选择APR（美国）或EPBP（欧盟）。

⑤PET容器的可回收性收缩套筒标准。

⑥有时会因其他特性而选择，例如抗皱。

PET饮料瓶最常用的标签技术是聚丙烯（PP）环绕式标签。回收行业已经开发出一种简单的技术，可以使用浮罐将PP环绕式标签从PET容器中分离出来，该容器在研磨后将PET瓶碎片下沉并且将PP标签浮起。这样，他们可以将有价值的干净PET瓶碎片与印刷的PP标签分开，从而回收PET碎片。不幸的是，PETG、PVC和OPS收缩标签的相对密度大于1.0，这意味着它们会沉入浮罐中。

聚烯烃收缩套标的优点是它们可以漂浮。因此，聚烯烃收缩套标材料可以从PET瓶碎片中分离出来，使PET瓶得以回收利用。PO膜在抗皱眉效应和松弛特性方面也很好（表2-5）。它们的表现可与OPS媲美。因此，品牌商对PO膜的兴趣很高。

表 2-5 聚烯烃薄膜的技术指标（资料来源：Klöckner Pentaplast）

项目	指标	项目	指标
收缩率	50% ~ 60%	耐磨损性	差
收缩力	低	可挤压性能	优秀
松弛性能	好	自然收缩率	适当（但是需要小心）
抗微笑／皱眉性能	优秀	印刷性能	好

2.3.6 混合／多层聚合物薄膜

OPS薄膜有许多缺点，特别是在加工性和耐磨损性方面，如表2-4所示。然而，混合/多层聚合物薄膜可以克服这些缺点。这种薄膜的中间是OPS，两边各有一层PET，它既有OPS的温和收缩特性，同时增加了PET的印刷性能、坚固性和耐磨损性，兼有两者的优点。

混合/多层聚合物薄膜的特性归纳如下：

①是结合了PET和OPS优点的透明薄膜。

②印刷效果很好。

③在热风烘道表现好。

这些薄膜的收缩率从中等到高，为65% ~ 70%（表2-6）。它的确有很好的松弛特性，类似于OPS；耐磨损性极佳，易于印刷。在许多方面，它都是完美的材料。自然收缩率没有OPS那么糟糕，但也没有PET那么好；PET表面的印刷效果极佳。混合/多层薄膜包含了PET和OPS的优点，因此是绝佳的选择。

表 2-6 混合膜／多层膜的技术指标（资料来源：Klöckner Pentaplast）

项目	指标	项目	指标
收缩率	65% ~ 70%	耐磨损性	优秀
收缩力	低	可挤压性能	好
松弛性能	HDPE 容器表现好	自然收缩率	适当
抗微笑／皱眉性能	非常好	印刷性能	优秀

2.3.7 收缩套标薄膜特点总结

以上介绍了收缩套标薄膜的主要类型、特点和技术细节，现在我们把所有这些放在一个简化的汇总表中（表2-7）。在显示每一种材料的优缺点及其技术细节方面，这是一个很棒的视觉效果。不过，应该提到的是，这些都是指导方针，而不是硬性规定，也不是唯一的考虑因素。

表 2-7　收缩套薄膜的特性总结（来源：Klöckner Pentaplast）

薄膜类别	收缩率	收缩力	松弛特性	微笑/皱眉	耐磨损性能	挤压性能	自然收缩率	印刷性能
PVC	55% ～ 65%	中等	差	差	适当	差	好	好
PETG（含白色不透膜）	75%+	中等～高	差	取决于等级	优秀	差	好	优秀
OPS	55% ～ 65%	非常低	优秀	优秀	差	优秀	差	需要小心
混合膜/多层膜	65% ～ 70%	低	好	很好	优秀	好	适当	优秀
PO	50% ～ 60%	低	好	适当	差	好	需要小心	好

2.4　了解决策过程

我们在第2章中讨论了容器形状、收缩工艺要求以及各种收缩薄膜的特性和技术细节。现在的目的是更好地了解薄膜选择决策过程，为决策过程本身提供指导，然后再讨论一些决策过程的案例。

使用图2-4将有助于进一步了解收缩套标薄膜的选择方法。我们需要开始缩小收缩薄膜的选择范围。首先，从图2-4的第一行开始：收缩烘道，是热风烘道还是辐射热烘道？是蒸汽烘道吗？

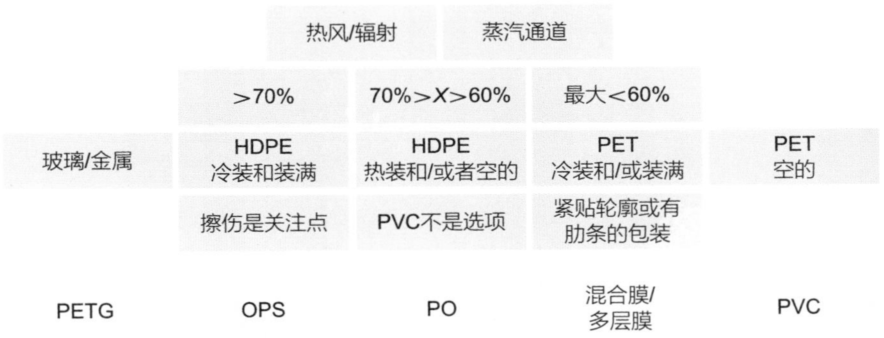

图2-4 决策之旅（来源：Klöckner Pentaplast）

蒸汽烘道很常见。顾名思义，当容器通过时，蒸汽烘道利用其两侧的喷嘴散发蒸汽。蒸汽产生一个两相系统，在套筒上冷凝，而来自汽化的能量进入套标。蒸汽将容器包裹起来，均匀地凝结在套标上，形成非常均匀的收缩。当蒸汽在薄膜上凝结时，套标会逐渐收缩，但收缩程度可控。蒸汽收缩烘道非常有效，但不适用于粉末加工厂，以及不能使用蒸汽或无法获得蒸汽的应用场合。品牌商在为空容器套上套标时，往往也会小心使用蒸汽烘道。

热风烘道将热风引导到收缩套标处，使其收缩，但可以想象，热风的分布并不均匀，因此容易使套标不均匀收缩。为了抵消这一点，收缩薄膜被设计成具有非常平滑、柔和的收缩曲线特性，即使材料在不同的温度和速度下受到热风的作用，材料也会均匀收缩。这样，热风烘道可以产生良好的收缩效果。辐射烘道的温度和收缩分布比热风烘道更不均匀，但通常仅用于防篡改收缩套标的应用。

第二行所示的是最大收缩率，本章前面已对此作过讨论。这为特定应用创造了缩小潜在收缩薄膜范围的另一种方法。

第三行与容器类型有关。是玻璃容器、金属容器，还是冷装且装满水的HDPE容器？例如，是牛奶罐还是空的或热装的HDPE容器？即它会收缩回去并可能形成松动的套筒。容器是冷装且装满的PET容器还是空的PET容器？此行详细说明了容器及其状况。

第四行所示为一些额外的要求。磨损了怎么办，这是个问题吗？PVC是否可以选用，即品牌商是否允许使用PVC？套标与容器分离是否需要可浮性？容器的形状怎么样？它是否有肋条或一个紧密轮廓的容器，需要很高的收缩力才能拉进去？图2-4的底部列出了不同的基材选项。

既然已经确定了选择，就可以通过下面的决策树示例来说明这个过程。

2.4.1 案例1

我们从图2-5开始，并在第一行中选择一个热风烘道。选择热风烘道会导致PET薄膜从选项中移除（请注意，剔除的薄膜以红色显示）。为什么？特殊的PET薄膜和特殊的容器形状可以使PET在热风烘道中良好地工作。

但是，PET很难在热风烘道中产生良好的收缩效果——收缩曲线太陡，收缩太快。因此，收缩率高的PET作为一个选项会大打折扣。

然而，如果容器需要收缩率非常高的薄膜，那么就有可能必须使用PET，但是很难获得良好的收缩效果。因此，材料的选择需要非常小心。如果所需的最大收缩率小于60%，怎么办？此时就需要一个收缩率非常低的薄膜，所有其他选项仍然可行。

再下一层，假定这种情况，容器是一个需要中等收缩（60%~70%）的

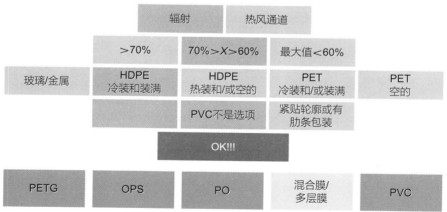

图2-5　收缩率为60%~70%，热风烘道、冷装HDPE容器的收缩膜选择，其中，耐磨损性是需要关注的一个问题，品牌商不喜欢PVC。来源：Klöckner Pentaplast

HDPE冷装牛奶容器。除了PET（我们在前面已经剔除了）之外的所有材料都留在了那里，没有其他薄膜被筛选掉。还有哪些需要考虑？如果我们假设品牌商不接受PVC，则会突出显示该框，PVC就会退出。我们还可以假设这些容器将以半托盘的形式进行越野运输，因此应考虑磨损。此要求从可选项列表中删除了PO薄膜和OPS薄膜。这样，混合或多层薄膜就是理想的材料。请注意，该决策树没有涉及价格，仅考虑技术因素。

在这种特定情况下，其他材料可能可以选用；但最适合这种情况的基材是混合膜（图2-5）。

2.4.2 案例 2

烘道仍然是热风烘道，容器要求收缩率为60% ~ 70%。本例中的容器是一个PET容器，它是冷的并已装满。因此，由于热风烘道的存在，PETG将作为一个选项被移除。

最柔和的收缩曲线来自OPS薄膜，但其极易划伤。如果没有磨损，OPS是一个不错的选择。但是，如图2-6所示，若需要考虑磨损，那么PVC、OPS和PO都会全部消失，理想的解决方案最终将是混合膜。

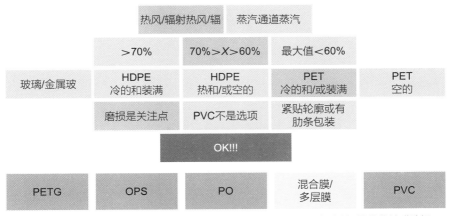

图2-6　收缩率60% ~ 70%，热风烘道、冷装PET容器以及需要关注耐磨损性的收缩膜选择。
来源：Klöckner Pentaplast

2.4.3 案例3

这次我们需要给一个空的PET容器贴上收缩标签，使用的是热风收缩烘道（因此，没有PET薄膜），需要收缩率小于60%的薄膜。因为PVC的收缩率太高，在收缩时会使容器变形，所以使用PVC薄膜作为选项将大打折扣。我们需要一个收缩率非常低的薄膜，因此可以保留PO、OPS和混合薄膜。但是，在这种情况下，品牌商要求使用可漂浮的收缩套标，以便在使用浮箱的回收系统中可以很容易地将收缩套与PET瓶分离。在这种情况下，唯一适合这种用途的基材是聚烯烃（PO）收缩套标基材（图2-7）。

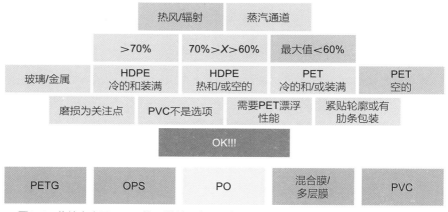

图2-7 收缩率小于60%，热风烘道，空PET容器以及需要可浮性以进行回收的收缩膜选择。来源：Klöckner Pentaplast

2.5 其他考虑因素

综合考虑了所有因素并仔细选择热收缩薄膜，就可得到一个完美的具有收缩套标的容器。但本章中使用的收缩套标决策树还是相当基本的，并且可能会出现其他问题及疑问。

其中一个问题可能是在基材上印刷时是否需要电晕处理（另请参见第4章）。始终需要进行电晕处理的唯一套标材料是聚烯烃薄膜。根据印刷技术和油墨的不同，其他基材不需要电晕，但是电晕处理可能会有所帮助，特别是在PVC和PET上印刷UV油墨时。但不应过度使用电晕处理，特别是在PETG上，过度电晕会产生一些灾难性效果，在基材上造成粘连，甚至气孔。

对于聚烯烃薄膜，薄膜制造时通常会进行高电晕处理。当在印刷过程中使用电晕处理时，只需要微小的"凹凸"就可以提高材料的动态水平，从而使油墨更好地润湿。

当采用UV柔性版印刷，溶剂型或水性油墨柔性版印刷，溶剂型油墨凹版印刷，UV或EB油墨胶印时，PETG和PVC在不经表面处理的情况下也能很好地接受油墨。

另一个经常出现的问题是聚乳酸（PLA）收缩膜。聚乳酸是一种植物性材料，通常由玉米制成。只有一家公司生产此薄膜，即Plastic Suppliers，而PLA的使用始终是由品牌商驱动的。如果品牌商需要PLA套标，则应根据PLA自身的优缺点确定该薄膜是否合适，并联系Plastic Suppliers供货。PLA有优点也有缺点，联系这个公司可获得更多信息来确定该薄膜是否是一种合适的解决方案。

收缩膜规格怎么样？收缩膜的厚度不同，但大多数套标使用40~50μm的膜。对于某些产品，需要60~70μm的膜，但这很少见。

厚度的确定主要来自贴标设备。如果品牌商希望在较宽松的工艺条件下尽可能快地贴标，那么50μm通常是最合适的。如果品牌商想节省一些钱，可以选择40~45μm，但这可能会使得收缩更棘手，收缩过程中的工艺条件变得苛刻，且为达到可靠且良好的收缩效果，烘道也很可能更难设置。

薄膜厚度如何影响收缩力？收缩力随厚度呈线性变化，较薄的薄膜收缩力较低。然而，OPS和PET之间的收缩力之差却远大于厚度的变化。因此，用PET薄膜从50μm降低到40μm仍然远不及50μm的OPS。从根本上说，OPS是一种更柔软温和的材料。

值得一提的是有关不同收缩膜之间价格差异的一些准则。首先，需要考虑基材的密度，印刷商和品牌商更关心的是每平方米的成本，而不是它有多重。OPS的密度约为$1.05g/cm^3$，PET的密度约为$1.32g/cm^3$，PVC的密度约为$1.35g/cm^3$。PVC和PET的密度差不多，但OPS的密度要小得多。OPS每千克的价格更高，但其产量更高，即每千克OPS薄膜可以获得更多的面积。为了比较薄膜的成本，有必要使用薄膜制造商提供的产量数据来计算每平方米的成本。混合膜的密度介于PETG和OPS之间，为$1.1 \sim 1.15g/cm^3$。聚烯烃低于$1g/cm^3$（它能漂浮），为$0.95 \sim 0.97g/cm^3$。

在比较薄膜价格时，一定要考虑薄膜的密度和产量。尤其要注意白色不透明膜，由于矿物填料的原因，它们可能很重，产量很低；或者空隙太大，密度很轻（有些甚至比水还小），使得产量很高。

2.6 供应商

全球有许多公司供应热收缩薄膜。美国供应商如表2-8所示。

表2-8 美国热收缩薄膜供应商（来源：Klöckner Pentaplast）

供应商商标	klöckner pentaplast	BONSET AMERICA CORPORATION	GUNZE a touch of comfort	SKC inc.	PSi
供应商名称	KLOCKNER PENTAPLAST	BONSET AMERICA CORPORATION	GUNZE PLASTICS & ENGINEERING CORP	SKC FILMS	PLASTIC SUPPLIERS, INC
地址	3585 Kloeckner Road, Gordonsville VA 22942	6107 Corporate Park Dr. Browns Summit NC 27214	1400 S Hamilton Circle Olathe KS 66061	1000 SKC Drive Covington GA 30014	2887 Johnstown Rd. Columbus OH 43219

续表

联系方式	Andrew Lewandowski a. lewandowski@ kpfilms.com +1-540-832-1591 Lilia Pedroso l.pedroso@ kpfilms. com +55-11-4613-9979	John Uhlman juhlman@ bonset. com (336) 375-0234	John Kramer john.kramer@ gunzepa.com Chris Ross chris.ross@ gunzepa.com (913) 829-5577	Sung Jin Kim sjkim@ skci.com (866) 752-3456	(614) 471-9100
PVC	√	√			
PETG	√	√		√	√
OPS		√	√		√
PO	√				
HYBRID	√				
WHITE OPAQUE	√	√		√	√
PLA					√

第 3 章

套标的设计与制作

什么是分模线？

收缩套标的作用

印前工作流程是什么？

套标的设计

设计制作

作用是什么

条形码的设计和放置位置

当我们在考虑"变形失真"这个话题时，设计、印前与包装容器选择是套标技术中需要考虑的关键因素。变形失真是一个很难理解的过程，因为当套标通过烘道时，设计必须预测套标图形将如何改变。这意味着设计图形时必须事先进行反失真处理。还有一些影响设计方面的因素需要考虑，如分模线、线条稿、条码、打样和印版。然而，在进入印前制作之前，有必要往后一步，先检查收缩套标提供给品牌商和消费者的东西。

3.1 收缩套标的作用

收缩套标技术使产品能够吸引用户：当消费者走在商店的过道上，看到一个漂亮的、360°被装饰的产品时，他们就会注意到这个产品。因此，收缩套标技术的目标是让消费者接触收缩套标装饰的产品并购买。

品牌商最关心的是创作并生产的收缩套标设计可以吸引客户以实现销售。然而，为了实现一个真正成功的设计，品牌商必须与结构设计师、平面设计师和材料供应商密切合作，并选择一个满足灌装线需求的包装容器形状，以适应高速收缩烘道的应用和加工。

尽管要考虑这些，使用360°套标的包装品确实为品牌商提供了惊人的营销机会。图3-1提供了一个很好的案例，说明了这种标签技术所提供的机会。

著名的烈酒公司巴卡迪（Bacardi）将他们的布里泽（Breezer）酒设计从普通标签［图3-1（a）］改为收缩套标［图3-1（b）］，实现了销售收入的增加。这个案例里，对于普通标签，品牌商使用了大约25%的瓶子表面来传达品牌信息。而使用收缩套标，商品表面的使用几乎增加到100%。

（a）　　　　　　　　　　　　　　　　（b）

图3-1　巴尔卡迪布里泽酒（Barcardi Breezer）的不同装饰
（a）普通标签　（b）套标
（资料来源：Esko）

观察和比较两者，然后仔细想一下，哪个包装更引人注目？

3.2　包装容器造型和尺寸

产品的大小、颜色和造型将决定要使用的包装容器的类型。巴卡迪（Bacardi）采用了卓越的设计，并有勇气选择了收缩套标，以最大限度地提高产品在营销上的影响力。然而，包装容器本身的选择，即初级包装，应该是品牌商用于诠释和传递品牌信息而选择的一个造型。初级包装容器的造型与品牌风格密不可分，并推动了品牌识别、品牌忠诚度和最终产品营销。可口可乐品牌的造型就是一个完美的案例（图3-2）。

除了美学，造型还可以融入功能。它应符合人体工程学，易于抓取和携带。出于这些考虑，必须采取全面和包容的方法进行设计。当然，设计需要尽早讨论。什么样的造型将被使用？这通常是由品牌商做出的选择。这一决定如何解释给生产链直至生产的运输末端？有时，通过改变一个设计，使它稍微短一点，或稍微宽一点，就有可能优化设计，以达到最大的运输效率。

例如，Esko提供的Cape Pack软件结合了价值流映射，该映射分析了生产流程步骤，并可确定工作流程中的废品率。沃尔玛（Walmart）使用类似的方法来优化货架空间和优化物流效率，以使更多的货物适用其运输集装仓储。换句话说，有了正确的软件，健全的过程分析，并赋予包装容器造型一些额外的战略部署，就有可能将包装箱或运输单元的产品数量增加5%~10%，从而优化收益和利润（图3-3）。

如前所述，除了美学，造型可以结合功能，这就是人体工程学在包装设计中的作用。

图3-4和图3-5展示了这方面的两个案例，其功能是抓取和触摸发挥的作用。舒适触感的价值以及通过触感唤起积极联想的能力是非常重要的，在包装容器造型和设计中需要增加这些方面的考虑。因为收缩套标提供了一个360°的画布，其中一些区域可以用来整合需要调整的特殊区域；这个特征和

图3-2　可口可乐造型诠释和传递品牌信息（资料来源：Esko）

图3-3　Cape Pack软件优化造型，以便适合更多的产品在托盘和集装箱上运输（资料来源：Esko）

图3-4　人体工程学应用（一）　　　　图3-5　人体工程学应用（二）
显示了如何将感觉和触觉构建到包装容器造型和图形中的案例（资料来源：Esko）

其他功能设计元素，如儿童安全功能，可增加包装设计的价值。但收缩套标都归结为图形设计，即选择最适合和符合包装容器造型的图形，然后进行预变形图形设计以适应收缩工艺。

有了当今最先进的软件，就像Esko的Adobe Illustrator的收缩套标插件一样，该软件将采用预变形设计以适应标签在烘道收缩后的变化保持完美一致。先进的印前软件将支持生产过程，确保设计完整，无论图像、标志、文本或条码都完整地放置在360°收缩套标上。

如前所述，收缩套标设计前期需要汇集品牌商、材料供应商、结构设计师和平面设计师协同合作。即常言道，"三思而后行"，应从整体上考虑包装容器，防止任何不理想的情况发生。

3.3　收缩套标的印前工作流程

3.3.1　图形文件准备

今天有许多软件解决方案可以简化收缩套标工作流程，但通常来说，印前部分包括三个步骤（图3-6）。第一步，准备图形。为此，Esko有一个软件套件，其可方便地附加到Adobe Illustrator中，并且使用直观，掌握使用相当容易。

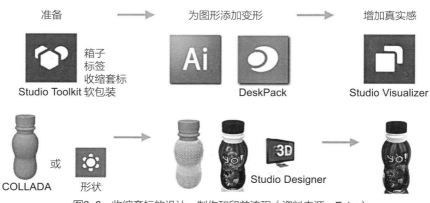

图3-6　收缩套标的设计、制作和印前流程（资料来源：Esko）

如图3-6，看到左下角显示一个名为"COLLADA"的文件格式。COLLADA是一种基于XML的三维数据交换格式，即"协同设计活动"的简称。它是一种交换三维设计文件的行业标准文件格式，就像用于图形数据交换的PDF文件格式一样。这种开源文件格式是索尼（Sony）公司10多年前发明的，如今在业界被广泛使用。任何具有文件扩展名".dae"（数字资产交换）或".zae"（压缩资产交换）的文件都可以在三维设计应用程序中使用，如玛雅（Maya）、犀牛（Rhino）、魔豆（MODO）和Cinema 4D，所有这些高端三维设计应用程序都可以生成COLLADA文件格式的资产。

3.3.2　套标预变形处理

一旦我们创建了初级包装容器造型的COLLADA文件格式，下一步就是添加图形并为套标预变形做好准备。Esko有一个名为"Studio"的应用程序可实现这个功能。它是一个独立的软件应用程序，在Mac或PC上运行，模拟套标被应用到初级包装容器上。这就是象形学，三维景象是可以确定的。

把它当成一个景象，这种智能化现在被用于图形的预变形设计。这样，在收缩烘道中收缩后的套标，就与最初的设计意图一样了。

基于这一点，甚至可以在开模前，就创建一个虚拟镜头拍摄包装品的收缩套标设计。这种可视化技术是与品牌商一起审阅与核对设计的一个关键部分。由于这一步骤是在设计过程的早期，并且所有的设计对象都以标准格式动态存储，所以可以方便地修改初级包装容器设计和套标的图形设计，而不需要任何制造成本。

这些虚拟包装镜头的实用性超出了审查和批准过程。一旦包装设计被认可并准备投入生产，这些包装前期摄制的照片就可以用于市场营销，并呈现在电子商务的网络商店中，在实际生产制造之前就在可以社交媒体上出现了。

在审查和核对过程后，使用标准的PDF文件来替换预览的模拟拍摄影像。该PDF文件具有包含三维数据的能力。免费版的Acrobat Reader可以在屏幕上呈现这些三维信息，使操作人员能够360°全方位检查包装容器，就像供应链中的任何其他相关者一样进行查看。

使用标准PDF的缺点是：并不是成品包装容器的每个方面都可以被查看到。印后整饰，如涂布、上光、覆膜和压凹凸，都是在特定角度的光源作用时产生的视觉效果，例如在零售环境中。因此，Acrobat不能呈现光从承印材料表面的投射状况，也不能呈现承印材料的光泽度或透明度。

为了缩小这一差距，并能评估模拟的材料和印后整饰效果，Esko已经为Adobe Illustrator设计了另一个名为"Studio Visualiser"的插件。有了这个工具，不仅可以在屏幕上查看套标应用在初级包装上的真实视觉效果，同时还可以有一个选项输出高分辨率包装产品拍摄效果。该软件支持选择照明环境，得到一个更真实的包装拍摄效果和产品视频影像。实际上，在核对和确认过程中，该软件工具允许在商店环境中进行超真实感交流，通常通过数字视频文件格式（如.mov或.mp4）实现。这些文件格式可以在移动设备上查看，这意味着审查和批准过程不再局限于办公室等有限空间。

3.3.3　创建 CAD 数据并制作稿件

到目前为止所描述的是在需求与期待之间找到平衡。从本质上讲，出发点是创建CAD数据，即描述初级包装品的三维数据，无论是盒子、折叠纸箱、显示器或是瓶子。在纸板包装品中，CAD数据很容易理解：拿一个盒子，展开它，即所用的模切线，如图3-7（a）所示。

然而，包装容器的CAD数据和三维设计的分模线要复杂得多，而且，不可能切开并展开一个罐子。因此需要依据象形学来创建CAD数据，如图3-8所示。

有时，这些包装容器的CAD数据来自包装容器制造商、品牌商或代理。包装容器的规格表，无论是瓶子、罐子还是桶，有时它可以根据测量包装容器的轮廓来创建，有时它可以从CAD绘图中创建，有时它可以通过扫描来创建。下面分别讨论上述情况。

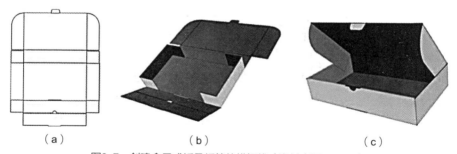

（a）　　　　　　　　（b）　　　　　　　　（c）

图3-7　创建盒子或折叠纸箱的模切线（资料来源：Esko）

图3-8　包装容器复杂的分模线（资料来源：Esko）

采取平面设计，并能够将其定位在三维包装容器分模线上，最终创建三维印后整饰的包装容器效果图是一个挑战（图3-9）。不管包装容器分模线是如何创建的，它总是需要一个文件和物理样本。换句话说，三维图形设计总需要在二维矩形画布上创建。

除了包装容器制造商提供的CAD数据外，设计起点可以是二维图形，如图3-10所示。左边是桶制造商的图纸。基于这个造型，可以在Illustrator中创建一个轮廓，从而得到一个包装容器特性文件。甚至可以拍摄一张包装容器的照片，并将其上传到Illustrator中，以生成包装容器轮廓的特性文件。

一旦跟踪，一个名为"标签工具包"的工具软件将让特性文件旋转360°，在几秒钟内创建一个三维设计稿（图3-11）。设计师不需要知道所有的高端设计软件，但这个工具软件的缺点是其只适用于对称产品，例如矿泉水瓶或任何可以围绕Z轴旋转的造型的包装容器。

图3-12所示为特性文件在Adobe Illustrator中成形。选择"旋转"选项，在弹出的窗口中设置坐标轴，确定将使用哪种材料，亚光塑料还是玻璃？这

图3-9　无论包装容器的造型如何，设计都将在二维矩形空间上创建（资料来源：Esko）

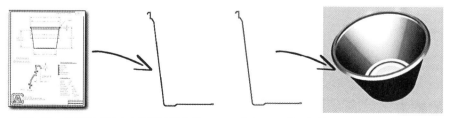

图3-10　从绘图或样本中创建轮廓文件
　　　　（资料来源：Esko）

图3-11　使用标签工具包创建一个三维包
　　　　装容器（资料来源：Esko）

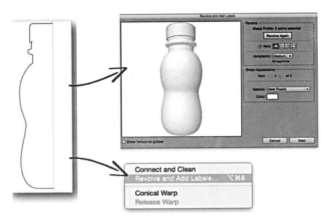

图3-12　使用Esko标签工具包，特性文件可以旋转成一个造型（资料来源：Esko）

些都可以加入颜色。

接下来，这些信息将被纳入整合到三维模型中，从而使产品设计概念栩栩如生地呈现。与对称形状相比，非对称形状具有更大的挑战性，但我们也可以依靠成熟的软件来处理这些类型的包装容器。正如苹果在iTunes商店为用户提供音乐、视频和应用程序一样，Esko在其造型（Shape）商店提供了无数的包装容器造型，可供下载。图3-13只显示了造型商店中的1个页面（差不多有20个，并且还在持续增加）。

然而，固定的初级包装容器的CAD数据有其局限性。其中一个限制是设计不是"参数化"的，这意味着如果下载一个欧洲的玻璃罐，罐子可能只有250g的容量。但如果我们需要一个300g或500g的罐子呢？解决方法如下：只需从Shapes Store下载250g形状，并运行Illustrator，选择"文件"/"打开"/"从Shapes Store"，下载形状并将其载入魔豆（MODO），该软件可在页面左下角看到其标志。进入魔豆（MODO），只需更改包装容器参数。最大的挑战是掌握如何将一个设计从造型商店（Shapes Store）载入魔豆MODO并改变它：最好的方法是将其在Z轴方向压缩，或者使其在X轴或Y轴方向延长。

对于异形且不能从造型库下载并变化生成的造型，如图3-14所示的三维扫描仪可以轻松地处理这些异形包装造型。三维扫描仪价格为3000~4000美元，是一个相对低成本的投资。要使用三维扫描仪，必须先用白色不透明墨水喷涂异形包装容器。然后，将包装容器放置在旋转盘上，旋转盘旋转非常缓慢，扫描仪中的"眼睛"慢慢扫描包装容器。可能需要一个小时生成高分辨率图像，一旦对象被完全扫描，就会将图像上传到其中一个软件中进行整理和优化。

图3-13　从造型商店下载所有的造型（资料来源：Esko）

图3-14　三维扫描仪的案例（资料来源：Esko）

此外，像Turbo Squid这样的一些网站提供30～40美元的设计，所有这些都是由设计师通过网络上传的，可以下载这些造型设计样并根据需要自定义修改。

3.3.4 将收缩套标贴标于包装容器

随着三维包装容器的创建，现在把注意力转到将套标应用到包装容器上，需要使用工具软件包（图3-15）。当打开文件（无论是OBG还是COLLADA文件）时，最佳方法是使用X、Y和Z轴来确定标签应用于包装容器上，还可以重复步骤来创建包装容器造型组，例如，一个6个或12个的包装容器组（图3-16）。

一旦我们知道套标需要如何包裹在包装容器表面，下一步就是确定生产参数，即平折宽度、缝宽、定位、接缝和收缩参数，所有这些参数都显示在图3-17的右侧。在图3-17的面板顶部列出的第一个项目是周长，给出了以下选项：平折宽度，它是没有接缝的瓶子的周长，或者带缝的平折面。如果包装买家或创意代理机构提供了这些维度的数据，则可以在此阶段进行模拟验证。

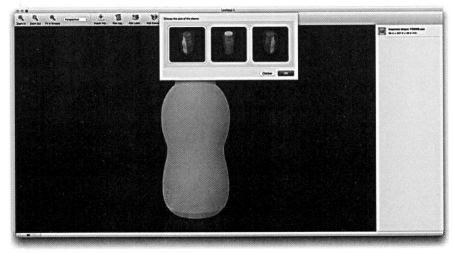

图3-15　创建了包装容器造型，下一步是确定如何将套标应用于包装容器（资料来源：Esko）

图3-16　复制包装容器造型创建一个6或12单元组合（资料来源：Esko）

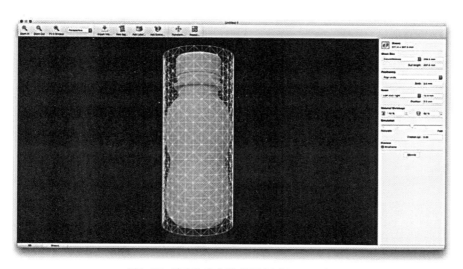

图3-17　确定生产参数（资料来源：Esko）

接缝的定位是流程的下一步，关键问题是"接缝应该定位在哪里？"。对于一个360°的包装容器来说，这可能是一个无关紧要的问题，但对于去污剂或窗户清洁剂触发瓶来说，这个问题相当重要。通常，我们选择将接缝安排在包装容器的一侧，靠近手腕与瓶子接触的地方，而远离图形。在这个阶段，我们能在软件中预视接缝，把它看作一条线。该软件还让我们进入一种不同的视图模式，可以在其中定位并将接缝定位到想要的精确位置，而不干扰标签图形。

最后一步包括在软件中输入材料的收缩参数，无论是在机器运行方向还是垂直于运行方向，同时兼顾烘道的影响。收缩总是取决于所使用的材料，如材料的刚度，以及考虑套标在承印材料上滑动的摩擦因数。

当我们将这些变量输入到软件中时，接下来是一个真正的交互过程。单击"开始"按钮，渲染过程将在操作人员的眼前展开。仿真结果实时显示了收缩套标CAD数据与包装容器的结合。操作人员也能以不同的速度查看这个过程。渲染后，就可以预览套标的平面图并保存套标的CAD数据（图3-18）。同时也能在平面二维和三维格式之间切换。在二维模式，我们能准确地读出在套标上添加图形设计的图形设计师和插画家需要的标签测量数据。因此，设计师能精确地知道如何定位图形，以及哪些区域需要回避，例如接缝区域。

图3-19是Adobe Illustrator 套标图形的预视效果。在"文件"菜单中打开文件，查看最近创建的"COLLADA"格式的套标。接下来在Adobe Illustrator中

图3-18　保存套标，可以为图形设计师提供测量数据，以便在套标设计中加入图形对象
（资料来源：Esko）

图3-19　Adobe Illustrator中的套标图形（资料来源：Esko）

使用Designer Studio软件可预览带标签的包装容器，如图3-20所示。这是包装结构和图形在设计过程中第一次结合的决定性时刻。这样做的好处在于，我们可以看到在将单个包装容器放入烘道之前，包装结构和标签图形是如何复合匹配的，这将大大提高效率并节省成本。

套标设计线条稿的恰当变形在收缩套标设计中可能是最困难的，所需的收缩量取决于包装容器的形状。如图3-21所示，可以看到标签设计需要在包装容器的中心和顶部有显著的变形；换句话说，我们观察到从包装容器的顶部到底部的Z轴方向的失真变形。

来看看图3-21中草莓的图形，Photoshop操作员需要选择特定的图形元素，并依据草莓的大小进行完美的变形，然后继续以类似的方式选择处理包装容器上的其他元素。

图3-22所示为成品的外观视觉效果，它考虑了不同风格的失真变形，这与我们观察套标包装容器的角度有关。例如，如果直视包装容器，然后旋转从侧面观察，图形是否会跟随造型变化呢？套标图形将如何在不同的角度呈现效果？同样，该软件能让我们考虑这些细节，并对这些细微差别进行微调。

图3-20　包装容器结构和图形第一次结合（资料来源：Esko）

图3-21　使用Esko Studio的收缩插件可以很容易地变形线条稿、文本和图像
（资料来源：Esko）

　　软件中的另一个选项是适应不同的照明环境。如图3-23中右下角的示窗，可以从许多照明环境中选择——从超市过道到机场、仓库或室外。每个选项提供专属的照明环境，可提供收缩套标材料的不同类型的反射效果，其

图3-22　Illustrator中套标图像（资料来源：Esko）

图3-23　软件可以选择不同的照明环境（资料来源：Esko）

至能虚拟零售环境中产品展示效果。在虚拟零售环境中，操作人员可以走过过道，然后选择产品（或货架上的任何其他产品），查看产品，并将其放回货架上。所有这些虚拟商店都是可实现的。可提供技术支持的虚拟现实（VR）头盔和触摸屏软件解决方案，可以使这种体验达到一个全新的水准。

　　进一步考虑这一模拟流程，Adobe Illustrator让我们选择不同的标签承印材料，以适应设计想要的效果。例如，在PVC薄膜和透明膜上设计会是什么效果？有一个比图3-24中的示窗上可看到的材料要长得多的标准材料列表可供选择，且可以把效果传达给客户进行确认。

可以通过导出包含图形的COLLADA文件来实现（图3-25）。例如，当该文件上传到基于网络协作的解决方案中，如Esko WebCenter时，实际上所有参与者都能一起审核最终设计，从而节省运输成本并降低生产过程成本。

通过在WebCenter中管理项目，参与者可以创建多个重复试样并预览多个版本，直到每个人都满意为止。

图3-24　使用示窗选择众多可用承印材料中的一种（资料来源：Esko）

图3-25　导出COLLADA文件并保存到Esko WebCenter以供进一步核对（资料来源：Esko）

图3-26显示了交互式工具（如Studio），如何与一个名为WebCenter的基于网络协作和审核的解决方案集成的示例。所有操作都在Adobe Illustrator内部进行，但在后台。WebCenter将运行自动流程，确保邀请外部合作伙伴在他们选择的浏览器中查看设计。受邀者甚至可以通过他们的移动设备或平板电脑来审核设计。

Studio还可以将不同的造型容器组合在一起，如图3-27所示。这个案例结合了一个纸箱和三个包装容器，它代表了三种不同口味的蜂蜜放在一个纸板包装容器中。当品牌商为产品发起促销活动时，我们通常会看到这样的组合。这个模拟可以通过Studio将组件聚集在一起来创建。

图3-26　使用任意浏览器或移动平台在WebCenter中核对确认文件（资料来源：Esko）

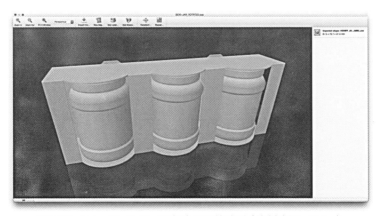

图3-27　Esko Studio Toolkit组合不同的造型（资料来源：Esko）

图3-28显示了为6个包装容器单元组合创建套标的案例。当然，考虑到计算的复杂性，这种类型的套标需要更长的时间来进行渲染。

一个成品多包狗粮罐如图3-29所示。在Adobe Illustrator中应用了带标签的罐头。第一步包括测量这个多单元组中的6个罐子；第二步涉及到在这6个测量的罐周围包上一个收缩套标；第三步则是将图形应用到收缩套标上。

图3-28　将收缩套标设计应用于6个组合的单元（资料来源：Esko）

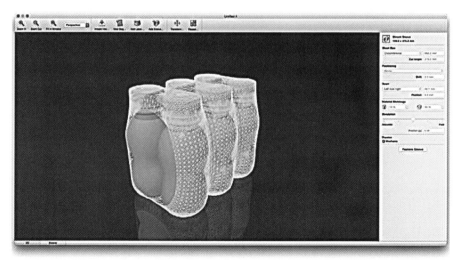

图3-29　多包狗粮罐成品收缩套标（资料来源：Esko）

3.4　条形码的设计和放置位置

如何在收缩套标的设计中加入条形码？在应用条码与确定它们在标签上的位置时，我们必须考虑哪些因素？Esko提供了在Adobe Illustrator中应用条形码的工具，支持的条形码包括所有标准条形码、QR码、UPC代码和智能条码。

在定位条形码时需要考虑的因素：

首先，将条形码放置在包装容器弯曲最小的位置处；必须确保条形码是可读的。电子条形码识别器可以确定条形码是否可被读出，甚至可以根据其可读性对条形码进行分级。要做到这一点，需要一个功能更强大的解决方案，称为自动化引擎（Automation Engine）。自动化引擎由Global Vision提供支持，这是一套用于自动检查条形码、盲文文本和拼写的工具。一个拼写检查器可以作为自动工作流的一部分在后台检查设计的拼写。

其次，将条形码垂直而不是水平地放置在标签上。这样可以使条形码变得不太容易收缩扭曲，从而避免造成条形码无法读取。

第三，不要将条形码放置得太靠近接缝。因为存在部分条形码被剪切掉的风险，可能会影响条形码的可读性。如图3-30所总结的这些要点，看似相当直观，但不要认为所有参与者都遵循这些规则。设计师有时不与套标加

图3-30　条形码定位考虑因素（资料来源：Esko）

工者密切合作，或者修改过程并不总是尽可能完备。换句话说，事情会做，但也会出错。

总之，品牌商、加工商和平面设计师必须协同工作，使这一复杂而微妙的过程发挥作用，并提供一个完美的收缩套标，其设计完全符合当前正在装饰的包装容器的轮廓。幸运的是，对于所有这些参与者来说，我们已经看到了软件的进步，它不仅让我们创建一个设计精美的收缩套标，而且允许我们模拟从二维设计到三维成品的转换效果，这些功能吸引了消费者的注意力，并促使消费者购买产品，这就是我们首选收缩套标的原因。

第 4 章

基于收缩套标装饰的
印刷技术和油墨

油墨的化学组成

什么是 UV 印刷

如何选择印刷油墨

套标的油墨

印刷技术

油墨迁移是什么

油墨的耐光性

　　油墨和印刷工艺在套标生产过程中是重要的考量因素。收缩套标不仅为包装容器提供了360°全方位的装饰，其图形和色彩也在标签中扮演着重要的角色。因此，油墨配方和选择是收缩套标成品的关键。收缩套标工艺过程还面临一个挑战，就是需要兼顾收缩套标工艺对油墨的特殊需求，即将油墨吸附于薄膜上，然后在烘道中随着薄膜一起收缩。

　　关于印刷工艺、油墨和光油，我们应该了解它们的哪些性能才能得到最佳的收缩套标印刷产品呢？

　　当然，套标印刷可以采用任何印刷工艺，而凹印依然是最流行的用于大量套标印刷的方式，柔印也出现了显著增长，而针对按需印刷的数码印刷也越来越受欢迎。

　　大部分收缩套标都在中幅和宽幅轮转机上印刷，但也有一些采用窄幅轮转工艺并有显著增长，尤其是UV柔印，其次是水基柔印。无论哪种方式，对于所用油墨的认识尤为重要。这要求我们关注油墨的化学成分以及所使用的不同类型的原材料。

4.1 收缩套标油墨的化学组成

　　不同印刷技术的油墨组成成分不同。每种油墨包含颜料、树脂、稀释剂或溶剂，以及各种添加剂，这些添加剂用来提高油墨的性能，见表4-1。每一种油墨都需进行更详细的检测。

表 4-1　不同种类油墨的通用原料

组成	溶剂	水基	UV 固化	油性 / 胶印
颜料	是	是	是	是
树脂	硝基	丙烯酸	低聚物	酚醛醇酸树脂
稀释剂	溶剂	水 / 胺	单体	矿物油 / 植物油
溶剂	> 30%	< 5%	~ 0	0
添加剂	蜡 消泡剂 硅酮 增塑剂	蜡 消泡剂	蜡 光引发剂 稳定剂	蜡 稳定剂 填料

4.1.1 颜料

　　油墨组成首要考虑的是颜料。油墨中的着色主要靠红色、绿色或蓝色。收缩套标印刷油墨中使用的不同颜料在最初印刷的时候可能呈现相同的颜色。但是它们经任意一种方式处理后，其表现都会大不相同。例如通过加热收缩烘道，在化学环境中使用，或暴露在强光下。在这些条件下，颜料的颜色就会有不同程度的改变。因此，了解颜料化学组成及其定义是油墨采购环节的一个重要因素。

　　全球通过颜色索引编号对颜料进行标识，这就定义了颜料的特殊化学性质，使其能够与其他产品有所区分，这些产品的基本着色剂具有相同或不同的化学成分。例如，表 4-2 中列出了 Red 57.1，Red 184 和 Red 177 色彩索引号。这三个不同的红色索引号分别对应品红或红宝石色，但是每种颜料的化学特性却不同，这在耐光性、耐化学性或耐热性方面可能存在差异。值得一提的是使用不正确颜料会导致油墨在热收缩时发生颜色变化。

　　所选颜料的耐化学性也很重要。例如，一种家用化学品，在贴标后的套筒中进行罐装，如果化学品在套标和容器之间流动，则油墨必须具有耐化学性，避免渗化。

表4-2　套标油墨原料中的颜料（来源：Flint 集团）

关键词	性质
颜料特点	物理和化学性能稳定 不溶
用颜色索引编号（CI#）表示	Red 57.1 Red 184 Red 177
CI# 指示属性	色调、牢度、成本 了解 CI# 很重要
重金属含量	CONEG（美国《包装中的毒物法案》）， RCRA（美国《资源保护和恢复法》）， F-963（美国玩具安全标准） EN-71（欧洲玩具安全标准） 以钡、汞、铬、铅、镉、锑、砷和硒为主

　　考虑并理解油墨颜料以及终端用户对油墨的需求一直都是非常重要的。以耐光性为例，图4-1中的四种黄色是所有的潘通黄色。如果把它们印在一张白纸上，它们就会呈现为潘通黄色。若把它们放在耐光性测试中或者暴露在外界光线下，最上面基于染料的颜色，在24h后会褪色到消失的程度。同样，根据颜料的选择，在紫外线照射下，颜色会随着时间的推移而褪色。

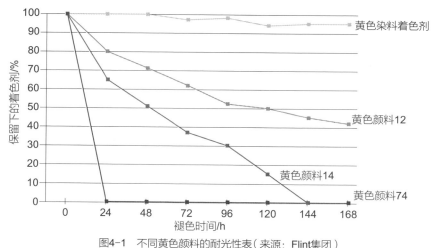

图4-1　不同黄色颜料的耐光性表（来源：Flint集团）

还有一种可能是选择在化学性质上几乎不降解的颜料。尽管这些颜料价格贵得多，它们可能会因应用需要而成为一种绝对需求。比如，如果套标是用于温室中或者五金店外面的化学品，油墨的耐光性是必须要考虑的。套标印刷商需要确保油墨中的颜料适合于应用。

4.1.2　树脂

树脂是油墨的主要成分。颜料制造商、油墨供应商和化学家正是从一系列树脂中进行选择来制造油墨的。其大部分成分如下：硝化纤维、聚酰胺、丙烯酸树脂、酚醛树脂、环氧丙烯酸酯（用于UV/EB油墨和涂料）、聚氨酯及聚酯（用于溶剂和UV/EB油墨和涂料）。

树脂为油墨提供了主要基础，并影响印刷材料的附着力、柔韧性、抗阻性能、干燥速度/固化以及整体的最终性能。

硝化纤维素、氨基甲酸乙酯和聚酰胺常用于溶剂体系；丙烯酸树脂可用于水性体系；可用于辐射固化体系的是不同的环氧丙烯酸酯、聚酯丙烯酸酯和聚氨酯丙烯酸酯。

每种化学物质提供不同的性能。收缩套标对油墨最基本的要求是必须具有良好的附着力，柔韧性好并且可以在收缩烘道中匹配薄膜的收缩特性。

油墨供应商考虑的其他性能包括油墨的耐性、流动速度和油墨干燥速度要求。油墨供应商将根据这些要求选择不同的化学材料以优化油墨的性能。

4.1.3　稀释剂

油墨的另外一个原料成分是稀释剂，用于降低油墨的黏度。对于水基油墨，稀释剂主要是水；对于溶剂型油墨，稀释剂可以是醇/醋酸混合物；而UV油墨则使用单体。

稀释剂的选择要考虑到收缩应用。如第3章所述，对于溶剂型的凹印油墨体系，不能用乙酸乙酯作为稀释剂，因为它会影响收缩薄膜的化学性质。由于每一种溶剂体系有其首选的溶剂，如果该溶剂不能与收缩薄膜一起使用，那么可以认为不是所有溶剂体系都可以用于收缩薄膜。

4.1.4 添加剂

为了达到所需性能，油墨中会添加各种添加剂，其中最常见的有：消泡剂、蜡和硅酮、消光剂、光引发剂、增黏剂、表面活性剂和光学增白剂等。收缩套标应用中最重要的添加剂是蜡和硅酮，它们被添加到最后一层白色或滑爽涂料上以获得合适的摩擦因数。

从油墨制造商的角度来看，通过印刷机对收缩薄膜进行电晕处理十分重要。通常情况下，无论是收缩套标、软包装材料还是压敏胶薄膜标签，推荐利用电晕处理机对各类薄膜进行光击处理。随着薄膜放置时间延长，电晕效果将会丧失。当在温度和湿度波动的环境中使用薄膜或把薄膜存放在温度和湿度波动的仓库中时，电晕效果就会减弱。光击处理将使达因等级恢复到预期的水平。就印刷性能而言，收缩薄膜是适合印刷的，但获取最佳油墨附着力并不那么容易。一般情况下，PVC和OPS的黏合性很好，而PETG则不如。对某些化学物质来说，如水基或UV材料，在聚烯烃膜表面附着也具有一定的难度。

溶剂型化学品，无论用于凹版印刷或柔性版印刷，在收缩膜上通常都能表现出最好的附着力。而针对水基油墨、UV系列和数码印刷，薄膜通常需要进行预处理。在某些情况下，可能需要使用底涂剂。

如果制造商建议进行预处理，也请注意不要对薄膜处理过度，因为这可能会在辊上产生粘连的问题。电晕处理改变了薄膜的表面特性，处理的效果可以通过测量表面能级（以10^{-3}N为单位）进行检测。印刷人员可以进行一些简单的测试，以确保达到合适的表面能级。电晕处理将羧基或羟基的功能键放在薄膜表面，因此油墨化学成分与薄膜表面建立化学键。通过选择合适的树脂，正确的油墨化学成分，恰当的应用，以及合理的干燥或固化，油墨应该可以附着到这些材料表面。但是，通常建议在印刷过程中进行轻度处理。

4.2　收缩套标油墨面临的挑战

市场需求是什么？收缩套标油墨面临哪些挑战？收缩套标油墨面临的主要挑战可归纳如下：

（1）高色强度，高固化速度，绝佳的印刷和打印性能，气味小，满足环境、健康和安全的规定。

（2）油墨在干燥/固化时候保持交联特性，成为收缩油墨的技术挑战。无须底涂即可与多种基材（PETG、PVC、OPS、OPP、PLA、聚烯烃）黏合。良好的表面滑爽性，适用于高速合掌设备和贴标设备。后印油墨的雾痕，叠印上光的低摩擦因数（COF）。

（3）防潮、防划伤、耐化学性。

（4）不透明是关键。不透明性较高的不透明白色，并具有优良的耐摩擦性。

（5）使"透明胶带"效应最小化（看起来像"湿T恤"）。

收缩套标油墨需要非常高的色强度，用以快速固化并实现印刷速度最大化。印刷机运行速度快，需要能够快速印刷、固化和干燥的油墨，以便尽可能地提高生产效率，获得良好的印刷质量，以及良好的附着力，并具有较小的气味。此外，还必须遵守各种环境法规，如65号提案、雀巢公司和瑞士印刷油墨条例，或是北美的FDA法规，这些法规已成为欧洲食品包装油墨的标准。

理想状况下，当油墨印到收缩薄膜上时，收缩薄膜的收缩特性不会改变。尽管如此，多层白墨或黑墨在薄膜原料上的叠印一定会改变其特性，使它可能不会收缩得那么多或那么快。故油墨系统面临的挑战是要尽可能地适用于各种可用的薄膜。油墨还需要表现出良好的表面滑爽性能，特别是在合掌和贴标阶段。由于套标采用里印，摩擦因数（COF）对最后一层白墨来说很重要，这层白墨要接触合掌设备、贴标设备以及套标最后要在其上收缩的容器的表面。

雾痕（Hazing）在一些条件下也可能是一个挑战，雾痕即在原本无需印刷的空白区域沾上油墨而产生的灰雾痕迹。

尽管出于调整摩擦因数的目的而使用涂层，但通常建议使窗口处于未涂层状态（或未上底涂剂），以避免可能产生雾痕。如果薄膜上必须进行底涂或上光，请避免使用UV化学物质，因为在其收缩过程中会产生雾痕。如果需要从合掌的角度将滑爽光油或底涂剂作为最后一道施印层，建议使用溶剂型化学物质或水基型化学物质。

另一个经常挑战收缩套标油墨的现象叫作"湿外观"。事实上，"湿外观"可以分为两种完全不相关的效应。第一种被称为"湿T恤"效应，这种效应是由于水分在穿过蒸汽通道时滞留在套标和容器之间造成的。这种情况下，"湿T恤"的效果是暂时的，一旦水分蒸发就会消失。第二个产生"湿外观"的原因更复杂，解决起来也更不容易。如果出现"湿外观"，并且不是由水分引起的（例如，如果不是在蒸汽通道中收缩的话），那么我们将其称为"透明胶带"效应。当两个非常光滑的表面相互接触时，光的折射会产生"透明胶带"效应。事实上，当把两块玻璃放在一起时，或者如果收缩薄膜的光滑内表面被紧紧地压在玻璃或PET容器的光滑外表面上，就会观察到这种现象，详见第7章"透明胶带"效应的照片。

"透明胶带"效应真的很麻烦，因为它会降低套标的整体外观和光洁度。但是也有办法克服它。使用某些油墨配方，如白色和透明光油，可以将"透明胶带"效应降至最低甚至消除。这些油墨和涂料的工作原理是在油墨上形成一个有纹理的表面，从而在两个接触表面之间产生距离，并消除其平滑度。在两个接触面之间留出的空间通常足以消除或极大地减少这种效应。

4.3 白色油墨的重要性

如前所述，大多数收缩套标都采用里印工艺。换句话说，油墨印在薄膜的内侧，所以油墨被夹在套标和容器之间。这意味着白色是最后的颜色。首先印刷彩色油墨，然后印刷不透明的白色油墨。大多数收缩套标都有大面积的不透明白色墨层，因此最后的白色墨层非常关键。摩擦因数（COF）是一个值得关注的问题，因为在高速合掌机和自动贴标设备中，油墨在各种工具上滑过的能力至关重要。

套标通常要求不透明度高，为此，如果印刷机使用非常粗糙的网纹辊印刷白墨的话，将会产生问题。如果用10BCM（10亿立方微米）的网纹辊（15.5cm³/m²）印刷白墨，在高收缩率的情况下，油墨实际上会开始堆积，并产生一种称为"树皮"的效果（有关照片参见第7章）。通常建议在不使用大量白墨的情况下实现所需的不透明度。某些印刷机会使用4~8BCM的网纹传墨辊（6.2~12.4cm³/m²）进行印刷，以获得所需的不透明度。

表4-3概述了收缩套标的静态摩擦因数和动态摩擦因数的建议值。摩擦因数数据非常关键，应该严格监控。只需稍加练习，就可以简单地用手指摩擦套标的内表面来快速获得可接受的表面光滑程度感觉。若两个表面粘在一起，或者由于太滑而在高速合掌设备上很难控制，都可以很容易地感觉到。不过，强烈建议在测试过程中使用平面摩擦因数测试设备。

表4-3　白墨的摩擦因数

属性	建议值	备注
静态摩擦因数	0.4 ~ 0.5	它是由静止在表面的物体开始移动所需的力计算出来的
动态摩擦因数	<0.25	它是根据物体开始移动后在表面上移动所需的力计算出来的。此值始终低于静态摩擦因数。动态摩擦因数对套标很重要，应该足够低，以便在合掌设备中容易加工，并使套标更容易套合于瓶子上

注1：如果静态和动态摩擦因数都低，它在合掌过程中很难处理。
注2：如果动态摩擦因数过高，套标将无法在高速合掌和贴标线上工作。

4.4 收缩套标的 UV 印刷与 UV LED 印刷

4.4.1 收缩套标的 UV 印刷

对于窄幅轮转机印刷收缩薄膜来说，在市场上UV的应用快速增长。然而，UV印刷存在一些挑战，值得讨论：

（1）如果印刷机上没有热量管理技术（"冷却紫外线"系统、冷却辊等），UV灯产生的热量会使薄膜变形，特别是超薄的膜。

（2）如果没有为"冷紫外线"系统（包括冷辊、冷板或冷紫外线灯）配制合适的油墨，那么UV油墨可能不会固化得那么快或固化效果不好，从而导致附着力差、防潮性差等。

通常，冷轧辊的温度太低。

（3）如果使用过粗的网纹辊或印刷速度过快，既需要进行表面固化，也需要进行适当的深层固化。

经典UV印刷机安装的汞灯，通常被称为产生大量热量的弧光灯。这意味着需要具有良好的热量管理（即使用冷却辊、冷却灯等）。否则，收缩薄膜会在印刷机上收缩，为印刷套准和后续工艺环节带来困难。因此，在使用经典窄幅轮转印刷机时存在着困难，热量成为这些印刷机上需要考虑的关键因素。

为了克服UV灯的发热问题，一些中间商已经转向冷却UV系统。这些系统充分利用反射光和不同类型的光输出，但可能需要改变油墨的化学性质。操作收缩套标的印刷技术人员应与油墨供应商讨论印刷机上所使用的UV系统类型，以便使油墨化学成分与UV固化系统相匹配；否则，油墨将无法正确固化。

解决热量的另一种方法是使用冷轧辊。许多工厂的冷辊运行温度很低。事实上，很多印刷机制造商都会建议在18℃（65°F）下运行冷却辊，而这太冷了！制造商们建议在这个温度下运行，是因为他们担心如果不这样做，薄膜会变形。应该注意的是，在温度较低的环境中，化学能会下降。当温度升高时，化学反应速率增加。因此，当印刷机上使用任何UV或辐射固化技术时，需要观察冷却辊，使其最低在27℃下运行，这不会对薄膜造成任何损伤或破坏。一些薄膜，特别是PETg，接近38℃时运行仍然良好。

在较高的温度下，薄膜既不那么脆，也不太可能破裂。此外，油墨附着力提高，固化速度也会更快。

加工商偏向于印刷厚的黑墨和不透明墨，他们会用非常粗糙的网纹辊传墨，有时候油墨太厚，汞灯不能固化厚膜。要向油墨供应商了解正确的应用方法。确定印刷这些油墨所需的网纹辊线数和网穴形状，从而得到最鲜艳的颜色、最大的密度和最高的不透明度。如果超出这些推荐参数范围，将会出现固化和其他问题。当出现固化问题时，你会发现油墨与收缩薄膜的附着力不足。采用不同的方法，尤其是应用白墨和黑墨时，可以获得更高的密度和不透明度。使用正确的匹配网纹辊的油墨，才能最大限度地提高性能和速度。

4.4.2　UV LED 收缩套标印刷

虽然技术相对较新，UV LED是一种适合于收缩标签的理想选择。这能通过图4-2中的波长对比图来解释，图中显示的是目前市场上约98%的印刷机中所包含的汞灯与UV LED的输出对比。

从图4-2中可以发现汞灯在短波或紫外线范围内的光输出是产生臭氧的原因。红外线范围在图表的最右边，是产生热量的地方。引起空气污染的臭氧和热量都是该技术不好的副产品。印刷机上汞灯产生的过多热量有害，虽然需要一定的温度，但汞灯产生的热量使温度高达300℃（572℉），这就会出问题。

对于UV LED波长，正如图4-2的中间折线图所示，可以观察到主要在UVA范围内，有一个非常窄的光波长具有很高强度的输出。由于UV LED在

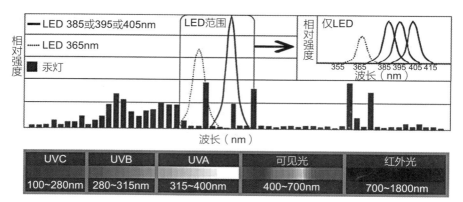

图4-2　汞灯和LED灯固化波长对比（来源：Phoseon Technology）

紫外或红外范围内不发光，因此该技术不会产生臭氧或红外热。UV LED灯不使用汞，而汞是有毒的。

由于UV LED的光源与汞灯的光源有很大的不同，UV LED技术需要不同的油墨化学特性。需要注意的是，UV LED是一种穿透力强的光源，有着更深的穿透光源和更高的强度，这项技术可以在更快的印刷速度下，使固化后的油墨更黑、更浓，不透明度更高。当油墨固化效果更好时，其黏附性会更好，这将提高其在后处理过程中的性能，并满足最终用户对各种应用的要求。传统UV系统的一个核心问题是紫外汞灯不能很好地固化油墨，而且随着时间的推移灯管会衰退，反光镜会变脏。虽然对行业来说UV LED还是一项新技术，但它将越来越多地被视为收缩套标技术和其他应用领域（如压敏标签和软包装）的解决方案。

采用数字UV喷墨印刷，也会使用到LED处理的情况。LED处理操作中，通过一个LED光源固化印刷薄膜的表面，但墨层并没有完全固化，当表面已固化后，再准备固化下一层。在喷墨印刷时，薄膜不需要通过转向杆，所以这种方法很好。但在柔印中，因为薄膜需要经过很多转向杆，需通过色组间固化，就像传统轮转机一样。

一般来说，LED是收缩套标的理想选择，因为不需要担心如何控制温度，要记住的重点是：

①优化UV固化工艺不仅需要考虑UV光源，还需要考虑所用油墨的化学

性质。

②UV LED光源相当于或优于现有的弧光灯解决方案，但需要改良油墨。

③通过UV LED获取高能量，并使用专用油墨配方是成功的关键。

④UV LED是热收缩套标的理想选择。

4.5　获得最佳效果

在介绍了收缩套标印刷油墨和油墨配方的要求后，现在将提供一些技巧和指南，以便在每个主要印刷工艺中获得最佳效果。

4.5.1 UV 柔印

在UV柔性版印刷中，固化是最重要的。为了在UV柔印中取得成功，必须确保油墨固化良好，并且选用一定规格的网纹辊来配合油墨一起使用。确保印刷机和UV系统（即灯和反光镜）得到良好维护。使用高不透明度的白墨和厚实的黑墨，确保特定油墨产品与合适的网纹辊相匹配。冷却辊温度对加工速度、成品率、承印物和油墨的性能都有很大的影响，建议与印刷供应商或油墨制造商讨论如何使用最佳生产加工参数设置（表4-4）。

表4-4　优化 UV 柔印套标印刷油墨的注意事项

优化事项编号	UV 柔印小贴士
1	一切都和"固化"相关
2	合适的网纹辊选择，油墨选用（特别是黑色和白色）

续表

优化事项编号	UV 柔印小贴士
3	由于汞灯产生的光不能穿透和固化高不透明白墨，这类套标的应用降低了印刷速度
4	高密度的黑色也不能在高速下固化，当发现油墨未通过离线黏着力测试或更糟糕时，就会产生浪费
5	配合光源，采用合适的印刷速度，以达到深度固化
6	UV 灯、反光罩的维护保养
7	冷却印刷辊的温度

4.5.2 水基柔印

从水基的观点来看，正确的网纹辊选择是关键。与油墨供应商沟通，确保所用色组的网纹辊线数和网穴设置正确无误，这将最大限度地提高印刷速度和性能。

采用水基油墨时，不要使用加热干燥。相反，让尽可能多的空气通过卷材非常重要，空气速度是关键。加工商通常认为水性油墨干燥的最佳方法是使用大量的热量，这是不正确的。干燥过程无需额外的热量，只需要使用空气，但要确保空气流速高（表4-5）。

表 4-5　优化水基柔印套标印刷油墨的注意事项

优化事项编号	水基柔印小贴士
1	网纹辊的选择与印刷速度
2	高风速干燥（不要太热）
3	如果通过蒸汽烘道，则要催化油墨（白色 / 最后用）
4	pH 值稳定至关重要

当收缩套标使用水基油墨时，有必要对最后一印刷层进行催化处理，形成一层含有催化剂、类似防汛衣的保护层。这是必要的，因为蒸汽通道中有

很多水分，如果水分接触到油墨，油墨就会重新溶解。因此，在收缩套标上使用水性油墨，且使用蒸汽烘道时，有必要催化最后的印刷层。

水性油墨的另一个关键因素是pH。应当确保具有良好的pH维护程序。

4.5.3　溶剂型油墨

已经提到过，特别是醋酸盐类如何损坏收缩薄膜的问题。一定要为收缩薄膜的应用购买合适的油墨。OPS对溶剂影响特别敏感，另一点是要确保油墨的黏度。溶剂油墨供应商通常不会提供直接可以用来进行印刷的油墨，这是窄幅卷筒印刷的常见情况。对于宽幅印刷机，通常提供浓缩液，印刷人员将其稀释到一定的印刷黏度。在这种情况下，重要的是要采用正确的溶剂来稀释油墨，并使黏度达到要求。

4.5.4　轮转胶印

胶印的一个常见问题是润版液污染。这可能是由于应用在热收缩薄膜的一侧抗静电涂层导致的问题。该涂层由薄膜制造商用来减少加工过程中产生的静电。虽然建议在非抗静电的一面印刷，但一些中间商考虑到附着力和印刷适性的原因，更喜欢在抗静电的一面印刷。在胶印中是不建议在抗静电面进行印刷的。如表4-6所示，即使没有贴标提示，也可以很容易地判断薄膜的哪一面涂有抗静电剂。

表 4-6　获得最佳 UV/EB 套标印刷油墨的注意事项

优化事项编号	UV/EB 轮转胶印小贴士
1	收缩薄膜的一侧通常涂有抗静电涂层
2	如果标记着薄膜涂层面的贴标丢失，则可以把薄膜卷成一个管状并吹气，呈云状纹的一面为具有涂层的面

续表

优化事项编号	UV/EB 轮转胶印小贴士
3	注意水墨平衡
4	脏版是合掌中的重要问题，因为这会在封合口上留下残留物，导致封口张开
5	如果在这一面印刷，润版液会沾上抗静电涂层而被污染
6	已有新的润版液，其不易溶解抗静电涂料

胶印中，也要注意水墨平衡，避免在润版液中出现脏版等问题。这些污染物可能会转移到套标的合掌位置，并在收缩过程中产生不良接缝，甚至破坏接缝。目前，存在一些新的不溶解抗静电涂层和不造成污染封合的润版液，这在胶印中也是十分重要的。

4.5.5 数字印刷

大多数数字印刷油墨都需要进行底涂，许多薄膜供应商已经为数码印刷材料进行了预涂，尤其是供应给HP印刷机的材料。加工商也可以自行购买底涂剂，并在线涂布。如果印刷商希望自己进行底涂，则需要注意封合处必须保持干净且无底涂剂。

底涂剂和油墨必须远离封合区域。合掌胶溶液是一种溶剂，需要原膜与原膜接触才能实现化学封合。

4.6 典型的油墨试验

油墨制造商强烈建议印刷人员在将套标产品投放市场之前进行一些典型的

测试程序（图4-3）。包括采用达因测试承印物表面能的情况，并从薄膜供应商处了解最理想的表面能，以及是否需要电晕处理。了解了薄膜应该具有的达因等级，就可以把它处理到最佳。

当然，对一些薄膜印刷面的固化测试也很重要。这个行业中还会做一些胶带附着力测试，虽然810胶带和600胶带也用过，但是行业中还是用610胶带作为标准。观察不同的胶带试验，以确保薄膜满足要求才能通过测试。一些油墨供应商建议采用溶剂擦除法确定是否固化，建议与油墨供应商联系以确定正确的流程。

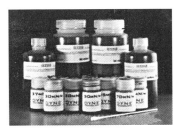

图4-3　典型的实验室测试案例

4.6.1 耐性测试

如同应用于乳制品和家居市场的区块测试或耐化学性测试、双循环起皱试验非常重要。此外，前面提到过的摩擦因数测试也很重要。最后，在实验室进行一些实际的收缩试验，以确保经过收缩后，油墨再进行这些相同的测试时不会出问题。

4.6.2 获得特效

除了已经讨论过的传统印刷工艺和技术外，在套标的外表面也开始进行印刷，以增加各种特殊效果，如亮光、亚光和触感光油，以吸引我们的触觉。还有一些其他效果，如珠光、彩虹色、亮金属色、荧光以及其他不同的特性。

其中一些特殊效果最好在容器较低的收缩区域实施。如果要在高收缩区域使用冷烫（图4-4），则可能需要在高收缩区域使用一块加网版和渐晕图，当它收缩时，就会一起收缩，这样看起来效果会更好。否则，金属箔会挤成团，变得灰暗。

图4-4　收缩薄膜上的冷烫技术

金属色也该如此：①使其远离较高的收缩区域。

②如果要将它们放置在高收缩区域，则必须将修剪板反加网，并像处理图形一样将其扭曲回去。这样，当它收缩70%时才不会堆积。产生银色效果的高品质箔的价格很贵，如果堆积起来，看起来像标准的灰色墨，这只会浪费箔和金属效果。

对于任何一种特殊效果，一定要与供应商沟通，因为要成功将这些不同类型的效果应用到位，需要一些诀窍。例如，如果要在套标上使用冷烫箔，表印或里印都可以，而里印需要使用与表印不同的冷烫箔。

4.6.3 热黏合剂

在第二章中提到过容器在烘道中热胀和冷缩的现象，其结果是导致收缩套标松弛，圆柱形瓶子就会在用户手中旋转。为了克服这个问题，一些加工商会在薄膜上的棋盘格或虚线图案区域涂上热熔胶，这样可以防止收缩套标在容器上松弛，在热收缩过程中帮助其固定，锁定套标以避免其位置变化甚至脱落。

根据套管和容器的整体尺寸以及所需的黏合程度，可使用多种黏合图案，如图4-5所示。

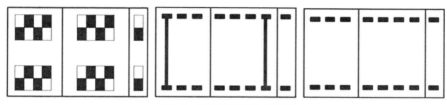

图4-5　不同类型的黏合图案

4.6.4　油墨迁移

如果套标用在饮料或食品包装领域，那么有必要注意印刷套标是否会影响包装内产品的气味和味道。玻璃或金属容器不是问题，但塑料容器必须使用低迁移油墨。

食品包装和标签一般通用规则如下：

①包装合规性的责任不仅仅在于包装产业链中的单个成员。

②最终责任在于"将包装推向市场的人"，但是我们大家都必须共同努力。

③食品/饮料的质量、气味或味道不得有无法接受的变化/掺假。

④不应使用致癌、致诱变、致生殖毒性的物质（CMR物质）。

⑤经评估与食物接触的物质的迁移应保持在规定的限值以下。

油墨迁移和油墨系统的规则为：

①<50μg/L（或<SML瑞士清单）用于评估和许可的基材。

②所有其他基材<10μg/L。

③如果该基材被认为有毒性，则限定值要低于10μg/L（基于每日摄入量计算）。

油墨中使用哪种化学成分并不重要，因为它们都可能发生迁移。油墨供应商已开发出低迁移化学制品。

4.7 总结

根据本章提供的信息，可总结得到如下列表中的收缩套标印刷指南：

①印刷收缩套标类似于印刷薄膜基材，其关键是在开始印刷之前先了解完整的收缩/贴标等生产过程。

②套标印刷确实需要量身定制的油墨，并且能够完全满足加工/应用等生产过程（包括收缩程度、蒸汽或红外线照射、合掌等）。

③印刷机需要具有适当的热量管理和处理薄膜材料而使其不变形的能力。

④新的固化方法（例如LED固化）可提供操作优势，并可能减少对印刷设备的投资，以成功管理套标印刷。

上述指南为正在考虑采用收缩套标印刷的标签和包装印刷商提供了简要的建议。

对油墨化学性质和组成成分的基本理解将有助于在生产收缩套标时更合理地选择油墨。选择适合的油墨，并在整个过程中与油墨供应商合作以寻求指导和支持，将有助于生产出完美的收缩套标。

第 5 章

热收缩套标的加工

完成薄膜选择、印前和印刷步骤后，我们将继续进行下一步，即分切，如图5-1所示中间部分。尽管分切对于加工商来说并不陌生，但其对收缩套标的加工至关重要。因为对于收缩套标来说，更关键的是薄膜的边缘效果，这和以往的加工有所不同。

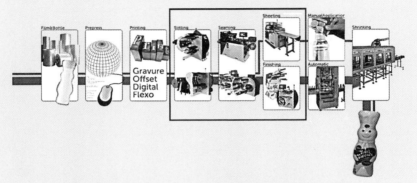

图5-1　收缩套标加工工艺——分切、合掌、裁单张和后加工

在没有进一步分切加工的情况下，料卷的切缝边缘将被溶剂粘接，这会产生重叠的接缝，而该接缝在最终产品上是不可见的。尽管在薄膜加工市场上有多种分切技术，但有几个因素决定了收缩套标必须使用轮转剪切技术进行分切，我们将在本章进一步解释这一概念。

5.1　分切技术

5.1.1　常见分切技术及其特点

轮转剪切技术可在薄膜的切缝边缘很好地完成分切，并产生最小的冲击和压力。同时，可最大程度地完成高质量的合缝，而且产品看不到任何裂缝。如图5-2所示，在薄膜卷的每一面上都带有凸起的边缘，这些凸起的边缘可能是由某种不合适的分切方法所引起的。

图5-2　卷料两侧的边缘

收缩套标薄膜的第一种不合适的分切方法是挤压分切（或刮刀式分切，如图5-3所示），它不能分切出收缩套标工艺所需的边缘整齐的薄膜。第二种不合适的分切方法是空中剃刀式分切（图5-4），这也会使分切薄膜的切割效果变差。

收缩套标上的最终合掌要求接缝尽可能地最小可见，要求接缝的边缘及切口整齐。能够提供清晰、边缘整齐的唯一分切方法是剪切式分切（图5-5）。在如图5-6和图5-7所示的任一种情况下，辊的边缘已变形，不适用于后续的合掌（或拼接）。

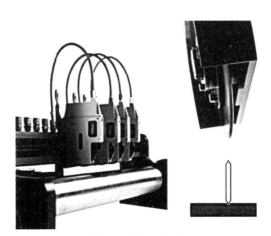

图5-3　刮刀式分切机

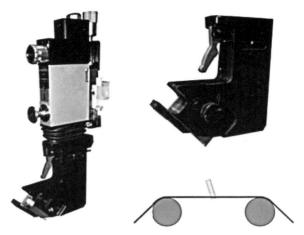

图5-4　空中剃刀式分切机

图5-5　剪切式分切机

　　为了进一步说明剪切式分切的适用性，图5-8和图5-9展示了两个分切边缘经50倍放大后的效果。图5-8为使用剪切式分切切割的薄膜，该切割具有明显的切口。图5-9表示使用空中剃刀式分切方法切割的薄膜，切割后边缘洁净度差，这使得随后的合掌过程变得更加困难。剪切式分切一直是收缩膜分切的推荐方法。

图5-6 分切收缩膜上的扇形边缘示例1

图5-7 分切收缩膜上的扇形边缘示例2

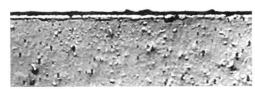

图5-8 使用剪切式分切后放大50倍的PVC分切膜

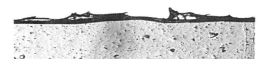

图5-9 使用剃刀式分切后放大50倍的PVC分切膜

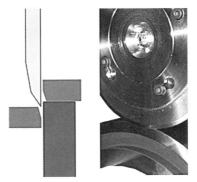

图5-10 剪切式分切机在两个刀片彼此接触的位置对移动的材质（或薄膜）进行纵切

5.1.2 剪切式分切及其工作原理

剪切式分切是指两个旋转的圆形刀片在两个刀片相互接触的位置切割移动薄膜的过程（图5-10）。此过程与用剪刀剪成两半的过程相似。

剪切式分切有两种形式：包裹型剪切（图5-11）和切线型剪切（图5-12）。

传统意义上，包裹型剪切适用于较薄的材料，因为底部刀片的包裹曲率与垂直偏转相反，从而可以防止卷材落入刀片下方。切线型剪切式分切使用输纸辊和出纸辊，上面的刀片与下面的刀片位置发生偏移。所以，这种剪切式分切与包裹式剪切出的产品一样，但是膜边缘不易变形。因此，对于收缩膜，切线型分切优于包裹型分切。

 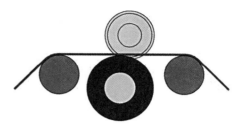

图5-11 包裹型剪切式分切——用于薄而 柔软的材质

图5-12 切线型剪切式分切——用于较厚且较 硬的材质

5.1.3 分切的关键要素

既然我们已经确定了最适合收缩套标薄膜的剪切式分切技术，现在我们分析实现切线型分切的五个关键要素：

（1）深度（重叠） 深度由上刀片的切点与下刀片的切点相啮合的距离确定（图5-13）。

（2）倾斜角 倾斜角决定了切刀在接触点的位置（图5-14和图5-15）。倾斜角的大小与分切的材料类型有关，如表5-1所示。

（3）刀/刀片轮廓 分切的材料类型决定了刀/刀片轮廓。顶部的刀片轮廓度主要为25°、45°和60°。25°适用于刚性、高密度卷材；60°使用于较厚、密度较低的卷材；默认切线型剪切顶部的刀片轮廓为45°。使用45°和25°的刀片轮廓分切出的热收缩膜效果最佳。

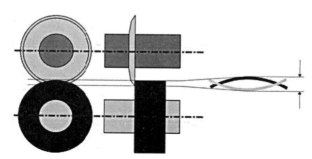

图5-13 切点通过顶部刀片与超出底部刀片接触点的距离来确定

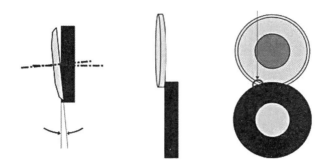

图5-14　倾斜角的设计使剪切刀与接触面形成一个合适的入口点

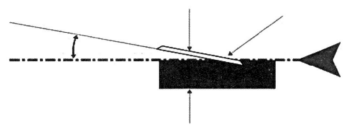

图5-15　倾斜角度取决于分切的材料

表 5-1　表示分切不同材料的主要倾斜角度

倾角	材料
0.0°～0.25°	金属，塑料板，硬质卷料，软质料
0.25°～0.50°（通用角度）	塑料膜，覆膜产品
0.50°～0.75°	合成纤维产品，拉伸膜
0.75°～1.0°	无纺布

（4）侧压力（力）　侧压力或应力，是顶部刀片对底部刀片所施加的压力。这里的目的是确定适量的侧压力。压力过大会给刀的锋利度和刀片磨损带来一定的影响，而压力太小则不能完全驱动底部刀片。

（5）刀锋利度　刀锋利度决定了分切收缩套过程中的断面是否平整。倾斜角的定位以及侧压力都会影响刀锋力度。

5.2 合掌

5.2.1 合掌过程

在获得分切薄膜无划痕、断面整齐且边缘不变形的情况下，准备进行合掌（或熔接）加工。我们的目标是将平整的印刷薄膜制作成有接缝的膜管（图5-16），并且形成几乎不可见且无触感的完美接缝，同时还要实现最大的产量和最少的浪费。生产量取决于设备的速度和正常运行的时间，而浪费往往取决于是否正确选用原料（即薄膜和溶剂）和使用设备的功能，以及是否有技能娴熟的操作员。

基于此过程的这些重要因素，我们需要引入一些行业术语和重要概念，如图5-17和图5-18所示。

（1）平放宽度　贴标于容器上的成品收缩套标将采用扁平管的形式。从扁平管的一端到另一端进行测量，其长度被称为平放或平放宽度。

（2）分切宽度　如果将平放的膜管展开，该宽度描述了材料从分切机出来到合掌机时的宽度。

（3）重叠　重叠是拼接合掌中收缩套标的一部分。

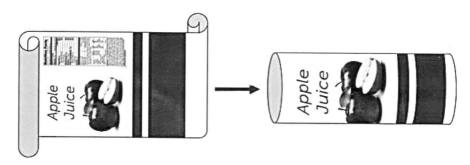

图5-16　合掌是将平整的薄膜制作成接缝管的过程

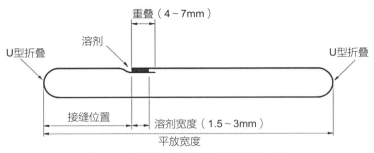

图5-17　薄膜经合掌后的示意图和关键术语

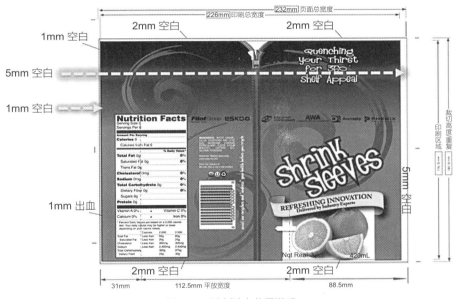

图5-18　溶剂涂布位置说明

（4）接缝位置　平放膜管使用溶剂黏合在一起，从而形成接缝。接缝在膜管上的位置称为接缝位置，一般通过所要装饰容器的类型和品牌所有者的喜好确定接缝位置。容器形状是一个重要的决定因素。圆形容器上的接缝位置一般不受影响，但是对于方形容器，椭圆形容器、触发型容器等，接缝位置非常重要。例如，家用清洁剂之类的触发型喷雾容器就不能在其前面有接缝。

（5）溶剂　如前所述，平放膜管是使用溶剂融合而成，通常不使用胶水或黏合剂。正确选择溶剂和薄膜的化学成分使薄膜材料很好的黏合，显得至关重要。

（6）U型折叠　在合掌过程中要避免压碎材料边缘。这样做是为了避免在成品标签上出现折线和油墨破碎的风险，这种现象在成品标签上可见（图5-19）。

（7）溶剂的涂布位置和黏稠度　为了更好地完成合掌，加工人员必须特别注意溶剂的用量和涂布位置。图5-20直观地展示了良好的溶剂涂布位置及其黏度。更具体地说，溶剂刚好到达接缝的边缘，并且涂布均匀、适量。即溶剂应当均匀涂布在外边缘，但不能超出特定范围，且宽度和溶剂量均一致。图5-21提供了四个易察觉的溶剂涂布位置和黏度不当的反面实例。

图5-19　标签上油墨中的垂直裂缝

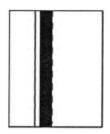

溶剂—中间部分
内边缘—左侧
外缘—右侧

图5-20　正确的溶剂涂布

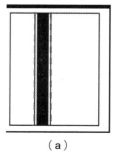

（a）

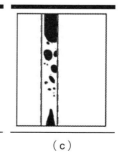

（b）

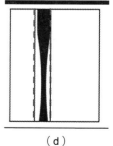

（c）　　　　　　　　（d）

图5-21　最常见的溶剂涂布不当示意图

（a）不在重叠边　　（b）涂在重叠边缘之外　　（c）跳涂/漏涂　　（d）涂布宽度不一致

①不在重叠边　当溶剂涂布量不足以覆盖边缘时，会产生粗糙的边缘；品牌商可能会拒绝接收产品。

②涂在重叠边缘之外　当溶剂涂布位置落在重叠边缘之外时，溶剂将与薄膜卷的另一个相邻层黏合，这将导致在放卷时出现"故障"。

③跳涂/漏涂　当薄膜上的溶剂涂布不一致时，接缝不会完全形成，甚至可能在贴标于容器上之后就在容器表面开裂或分离。

④涂布宽度不一致　有两个因素会导致涂布宽度不一致。首先可能是由于溶剂流量控制或溶剂输送系统出现问题。在所示的示例中，溶剂涂布宽度的变窄可能是由于使用蠕动泵导致溶剂流速不一致。

5.2.2 合掌工艺——合掌机工作过程

合掌过程需要一台具有几个关键功能的独立机器，所有这些功能如图5-22所示。合掌机的放卷部分装载展平的材料，并按设备纸路进入机器。导辊会在必要时对料带进行修正和调整。

在成型之前，位于成型工序之前的线性打孔单元在机器运行方向上对料卷打孔。此处，打孔的目的是使消费者能够从容器上取下套标以便对容器回收。

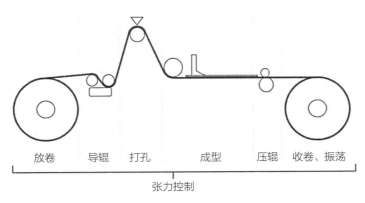

图5-22　合掌机工作单元

成型单元将平整的卷料加工成套标，这也是溶剂被输送到料卷的地方。压辊区用于隔离张力，也是到收卷区之前将所有空气从新加工成的标签中去除的地方。带有振荡的收卷单元是整卷接缝材料的卸载位置。带摆动功能的收卷单元则是卸载已完成的接缝材料卷的工序。在此过程中，收卷单元必须含有振动控制辊。后续的图5-27和图5-28中也表明了这个需求。

5.2.3 溶剂控制

为了令收缩套标成型，合掌机使用溶剂将卷料做成管状，并产生化学反应，将材料两端黏在一起。将材料制成套筒（或管）时，有三种方法可以控制溶剂流向卷料。它们是重力供料、压力系统和伺服泵系统（图5-23）。在通过导辊的过程中达到稳定的效果至关重要，而加速和减速或以不同速度运行则会影响结果。溶剂的用量和施用速率对于以最少的浪费获得正确成型的套标同样至关重要，这些要与卷料速度相匹配。

（a）　　　　　　（b）　　　　　　（c）

图5-23　溶剂控制系统
（a）重力供料　（b）压力系统　（c）伺服泵系统

5.2.4 溶剂输送方法

辊式涂布、顶刷、底刷和喷涂是最常用的将溶剂涂到卷料上的涂布方法（图5-24）。虽然都有其优点和缺点，但辊式涂布是四个中最不受欢迎的，

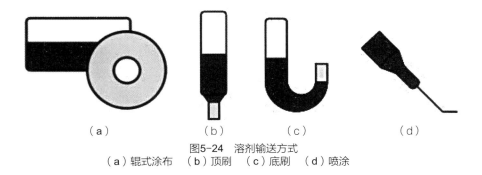

（a）　　　　　　　　（b）　　　　（c）　　　　　　　　（d）

图5-24　溶剂输送方式

（a）辊式涂布　（b）顶刷　（c）底刷　（d）喷涂

顶刷、底刷和喷涂更常用。通过刷涂使操作员能够轻松地将溶剂涂抹到接缝的边缘，但刷头容易受到污染，并可能在接缝处留下刷痕。

　　一些采用胶印工艺印刷的收缩套标的加工实际上可能也需要刷涂。油墨会污染溶液，如果油墨残留物沉积在干净的接缝区域，则会导致接缝处的溶剂出现问题。这种油墨残留物会阻碍溶剂和薄膜之间的化学反应，并可能导致接缝粘接不牢。在这种情况下，使用刷子将溶剂擦拭到表面上可能有助于打磨薄膜表面，并有助于溶剂的渗透。高速合掌机为这一过程带来了更高效率，但随着速度的提高，需要更高的溶剂涂布精度。因此，高速合掌机通常使用喷嘴将溶剂输送到卷筒料上。

5.2.5　溶剂输送位置

　　合掌机可以将溶剂输送到卷料的两个位置上：当材料已经在管道中成型时，在成型台之前，材料经过滚筒时仍然平整稳定，这时可以将溶剂输送到卷筒材料上；第二个位置是在材料被夹持搭接之前，将溶剂输送到卷筒材料上。两个溶剂输送位置如图5-25所示，每个位置对所用的接缝溶剂有不同的要求。

　　供应商为在位置2上涂布溶剂的反应较慢的机器提供慢反应溶剂。当使用将溶剂运送到位置1的更快更高速的机器时，供应商将提供一个具有更快反应的溶剂。

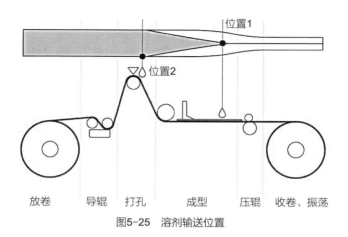

图5-25　溶剂输送位置

无论溶剂输送位置如何，设备的速度及其监控和保持容差的能力都会影响生产质量和效率。

5.3　折叠和成型

多年来，使料卷成为套标的折叠和成型工具已经有了很大的发展。先进的折叠和成型工具设计已经缩减了生产过程中大部分的工艺测试，因为这个过程对操作人员来说一直是复杂和耗时的。过去，在本行业中已经使用过不同种类的折叠设备（图5-26）。最常用的设备是固定尺寸的模具。操作人员会将单个自定义尺寸的模具放到台板上，该台板对应生产中的平面尺寸。除了大批量专用的生产外，现在很少使用这种工具。

使用固定尺寸模具的最大限制是只能用于特定的尺寸。由于这种局限性以及为每个平铺平台购买固定尺寸工具的不切实际性，以及工具的不断发展，都在适应加工商的需求。手动工具由成型靴、销和曲柄组成，所有这些

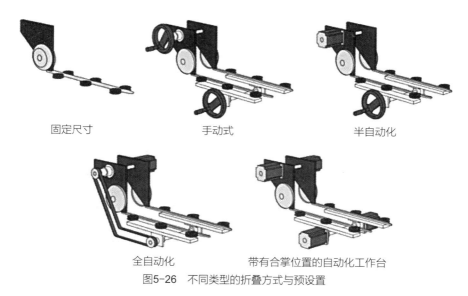

固定尺寸　　　　　　　手动式　　　　　　　半自动化

全自动化　　　带有合掌位置的自动化工作台

图5-26　不同类型的折叠方式与预设置

都通过需要尺寸测量的手柄放置到位。半自动工作台利用手动曲柄将工具移到适当位置，同时还将屏幕上的精确测量值告知操作员。市场上最先进的工具是全自动工作台，这种先进的设备使操作员可以在屏幕上键入所需的平台，工具将自动移动到适当位置。

5.4 收卷与摆动

摆动式收卷是收缩套标工艺的重要组成部分，我们可以观察到，这时在接缝处厚度增加了3倍。如果按传统意义重新缠绕完一卷收缩套标，则所有的张力都会在该接缝区域累积（图5-27）。最后，收卷轴可能会受压并翻倒，从而浪费了生产时间和生产过程中的材料。因此，接缝需要来回散开，这称为摆动（图5-28）。

图5-27　落在同一位置的接缝　　　　　图5-28　收卷摆动辊上的接缝

在一些包装供货协议中，最终用户往往要求在生产过程中采用特定的摆动工序，但操作人员和客户要遵循的一个经验是使重叠部分振荡两次。

5.5　监测和控制

操作人员会定期启动和停止机器，以收集、评估和测量产品。虽然，有光学监控设备以及监控指标，但是操作人员在生产过程中的评估和检验还是很有必要的。如今，依靠超声波传感技术，配合适当的软件，可以识别通过设备的标签，监测并确定料带的大小（图5-29）。

最近的一项进展使操作人员能够将生产数据下载到USB驱动器，并打印上述数据供以后参考。此外，许多贴标工程师都需要分析报告证书（图5-30），以确定产品是否合格。

　　（a）　　　　　　（b）　　　　　　（c）　　　　　　（d）
图5-29　不同类型的监控系统
（a）操作员　（b）带指标的光学监控　（c）带闪光灯的超声波　（d）带USB接入印刷的超声波

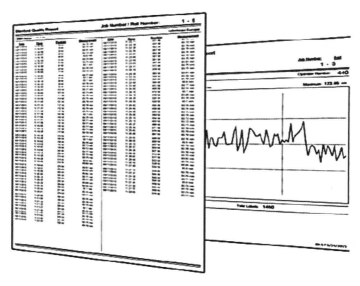

图5-30　分析报告证书

5.6　后加工步骤

合掌工序的后加工过程包括使用带振荡的Doctor Machine®对分卷部分进行放卷和收卷、更改卷芯尺寸（如有必要）、更改收卷方向（如有必要），并最终得到符合尺寸要求的卷料。也就是在这一步骤中，对接缝卷筒中的接头进行"修复"，使其能够通过自动贴标设备，避免在进入收缩烘道之前被检测到而从生产线上剔出。

5.7 裁单张

在完成后加工步骤之后，标签将自动或手动套贴到容器上。如果使用贴标设备自动贴标，则最终产品将保持卷筒状。如果要用手动贴标，则需要将标签切成单独的套标。使用裁单张设备来生产单独的裁切标签，如果手动贴标的套标需要打孔，则也必须使用此设备（图5-31）。

图5-31 在裁单张的过程中打孔必须进行对位

5.8 收缩套标打孔

收缩套管打孔的主要目的是为了防篡改密封，打孔通常在具有线性穿孔的合掌机上进行，如先前在图5-22中所示。图5-32所示为四种不同类型的打孔单元，在图5-33中可以看到收缩套标打孔防篡改的例子。

（a） （b）

（c） （d）

图5-32 不同类型的打孔单元

（a）线性打孔 （b）单张打孔 （c）独立单元 （d）完整单元

收缩套标打孔的第二个目的是为了可回收利用，更具体地说，是为消费者提供一种从容器上取下收缩套标的简便方法，以便容器的回收利用。

防篡改标签（图5-34）也用于税条和防伪目的，通常在合掌机上打出线性孔，与撕裂条或全息材料相结合，这是合掌设备的简单附加组件（图5-35）。

此外，还有其他类型的带有防撕裂标签的防篡改套标，这类套标在沿着容器壁的周围方向打孔，通常用于需要防篡改密封的整体套标。有时，品牌商会要求对容器局部进行防篡改的密封，即在容器盖周围使用T型打孔的同时，还要在容器的颈部和本体上保持容器的品牌标识。

图5-33　防篡改密封的收缩套标打孔示例

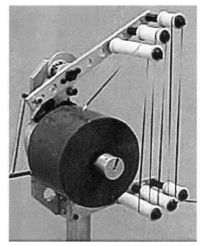

图5-34　含有防伪全息条的防篡改标签　　　　图5-35　撕条装置

多数情况下，操作是在自动贴标设备上完成的，除非分切后用手动贴标，此时，打孔由分切设备上的打孔装置来完成。

5.9　结论

二次加工工序的材料对成品标签的质量有重大影响，每个步骤都需要非常注意细节。因此，使用最好的薄膜、油墨、溶剂、设备和专业的操作人员等各类要素至关重要，以确保生产出市场上最优质、最稳定的收缩套标。

第 6 章

使用合适的贴标工艺
和收缩烘道技术

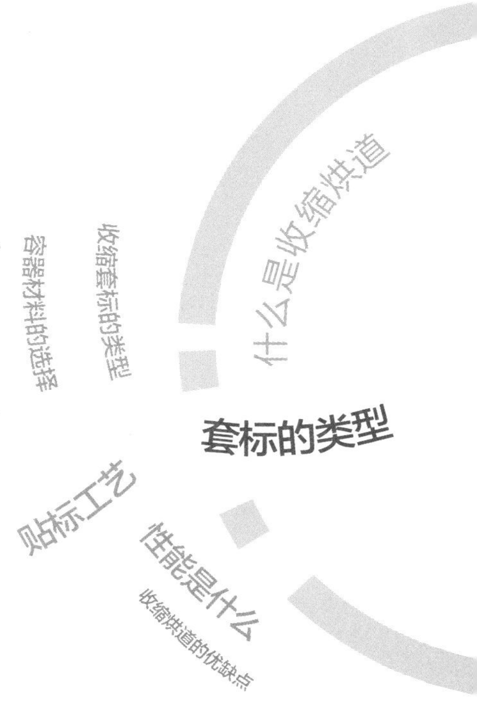

什么是收缩烘道

收缩套标的类型

容器材料的选择

套标的类型

贴标工艺

性能是什么

收缩烘道的优缺点

本书的前几章介绍了收缩套标的制造过程，从材料选择开始，然后到收缩套标起源、油墨和印刷以及二次加工。现在，我们将更深入地介绍套标的贴标过程以及套标如何收缩到容器上（图6-1）。

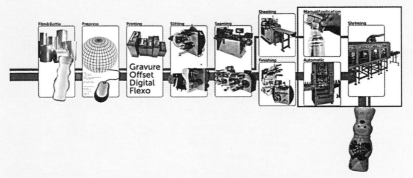

图6-1　收缩套标加工工艺——分切，合掌，裁单张和后加工 © 2017 Accraply，Inc

尽管加工商对如何生产高价值的收缩套标最感兴趣，但是套标的贴标过程与前述步骤同样重要，读者也有必要了解，这样才能生产出品牌商——最终也是市场——会重视的产品。加工商应始终与套标设备的制造商紧密联系，以了解每个客户所使用的特定贴标设备的规格和公差。换句话说，在收缩套标的成功应用和收缩技术方面，没有固定的解决方案。

在深入讨论收缩套标应用机械之前，先回顾一下在应用过程中一些重要的关键概念。

平折尺寸及其公差——以及平折相对于容器尺寸过大的程度——是很重要的，因为它决定了容器和贴标机上的工具与收缩套标的兼容性。根据容器的形状、大小和使用方法，圆形容器上的尺寸超量通常为2mm，但也可能高达7mm。

　　重复长度或切割长度描述了套贴到容器上的标签的长度。每个套标的顶部和底部都有一个空白的非印刷区域，这些空白区域用于手动和自动贴标。在手动贴标中，空白区域可作为自动传感器的指南，以确定在何处切割或覆盖单个套管。在自动贴标中，空白区域还指示在将套标贴标于容器上之前需在哪里切割套标。因此，在任何成品的收缩套标上都必须要有这些空白区域。

　　现在，让我们回到在第2章中首次讨论的"微笑效应"和"皱眉效应"的概念（图6-2）。当套标在机械方向（MD）和横向方向（TD）同时收缩时，就会出现"微笑效应"和"皱眉效应"，并产生拱起的效果。幸运的是，有一些方法可以解决这个问题：一种方法是仔细选择所使用的薄膜类型，并控制薄膜如何收缩到容器上的位置。第二种方法是，将容器从传送带上抬起，并允许容器底部的套标收缩。第三种方法是通过容器设计，也就是选择或设计一个带有内置凹槽的容器，以便在套标收缩时将其锁定在适当的位置。

图6-2　收缩膜褶皱示例 © 2017 Accraply，Inc

6.1 收缩套标类型

　　品牌商寻求的收缩套标产品有几种不同的类型。密封装置或密封条（图6-3）可用于在容器上进行密封，如果密封条被破坏，则表示容器被打开了。

　　当容器不需要全身装饰时，可使用分体套标（图6-4）。品牌商可能会要求将套标定位在容器的中间位置或容器顶部。

　　将分体套标放置在容器中间位置的难度之一是，必须以某种方式将套标固定在容器的正确位置。图6-4中的一些容器包含一个槽口，该槽口可使透明区域收缩到凹槽中并提供良好的表面处理。

　　另一方面，全身套标可以进行360°，从头到脚的容器装饰。没有其他的标签技术可以对容器进行几乎100%的容器表面装饰，并将品牌信息传达给消费者。

　　全身套标也可能带有穿孔的附加功能（图6-5），这有助于消费者在使用后去除标签。此功能可以在标签贴标过程中实现，也可以在加工过程中

图6-3　带密封条的收缩膜 © 2017 Accraply，Inc

图6-4　分体套标的例子© 2017 Accraply，Inc

图6-5　带穿孔的全身套标© 2017 Accraply，Inc

（在标签贴标之前）实现。这在贴标设备上特别容易实现，因为所涉及的工具很容易安装，而且通常在穿孔的位置和样式方面提供了很大的灵活性。

图6-6采集了一些主要的变量，这些变量在开始贴标和收缩成品套标时起作用。如果没有容器类型、薄膜类型和工艺条件的正确组合，就很难获得成功。当然，这是假设过程中的所有其他步骤都已经在保证质量的情况下完成了的。

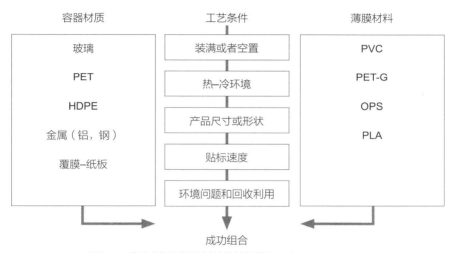

图6-6　收缩套标标签相关的关键性能© 2017 Accraply，Inc

6.1.1 容器材料的考虑

由于玻璃是散热材料，当热的薄膜与玻璃等较冷的表面接触时，它将有效地阻止薄膜均匀收缩，因而对收缩烘道提出了挑战。正是由于这个原因，玻璃容器经常会在贴标之前进行预热。PET容器，特别是在空的和轻量的情况下，可能会给套标贴标的稳定性带来挑战，并且容易随套标一起收缩。HDPE容器在烘道中膨胀，尤其是当容器是空的时候，会导致套标在膨胀的容器周围收缩，然后HDPE在冷却收缩后变得松散。金属与玻璃类似，因为它们都是散热材料，而纸板（例如用于冰淇淋）则可能需要冷却传送带，并小心对准烘道中的热量以缩小密封带，而不会融化容器中的内容物。

6.1.2 工艺条件

工艺条件中最基本的一点是容器是满的还是空的。灌装的容器可能在生产线上更稳定，但它们也可能在灌装过程中溢液，需要在贴标前进行清洗。空的容器不存在过度填充污染的风险，但是它们在生产线上会表现出更大的不稳定性，在管道中的收缩或膨胀的风险也更高。灌装温度也会有一定影响，虽然灌装温度的周围环境比较明确，但是冷灌装产品会导致容器表面的冷凝，使套标难以滑下容器。相反，热灌装产品可能会导致套标在贴标过程中在容器上预收缩。

6.2 收缩套标性能注意事项

在收缩套标的贴标和收缩的最终步骤中能否取得成功取决于在过程开始时所做的决定，如容器由哪种材料制成以及为套标选择了哪种薄膜材料。例如，玻璃容器在收缩阶段与HDPE容器呈现出截然不同的情况。工艺条件也很重要，套标收缩到一个满的容器和一个空的容器之间存在根本差异。

上述所有的评论也与薄膜的选择有关，每种薄膜类型的优缺点见第2章。这三个组成部分中的每一个都很重要，如果这三个部分中的任何一个出现问题，都可能导致收缩套标质量低劣。

6.3　贴标技术

了解市场上需要的各种容器类型、贴标工艺条件和薄膜材料组合——不过最终的成功取决于如何选择彼此兼容的三个要素组合，现在让我们回顾一下将收缩套标签贴标于容器的各个选项。基本上，我们有三种热收缩膜贴标技术：

（1）旋转式（圆盘）贴标系统。

（2）直接贴标系统。

（3）芯轴贴标系统（有时称为子弹式系统）。

6.3.1　旋转式贴标系统

旋转式贴标系统的优点是便于套标"成直角"，这样可以在非圆形容器上实现更好的标签放置或旋转精度。旋转式贴标系统通常用于在触发瓶等容器上贴收缩套标，如图6-7所示。在贴标于非圆形容器之前形成的方形或矩形套标大大增加了标签面板在收缩后正确定位在容器上的概率。

图6-7　触发式容器

从图6-8中可以注意到，旋转式贴标系统对低质量套筒材料具有更大的宽容度。这种宽容度可归因于这样一个事实，即旋转式贴标工具与套筒的接触比芯轴或"子弹头"型贴标系统的接触要少得多，因此旋转式贴标系统对宽容度和配合的要求较少。旋转式贴标系统的优点归纳如下：零件更换简单、中低速运行、非圆形或者异形容器、对低质量的套标材料更宽容、更适合频繁更换。

图6-9展示了运行中的旋转式收缩套标贴标机。旋转式贴标系统以这样一种方式使套标成型，即使套标在非圆形容器上定位精准或居中。

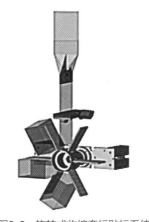 

图6-8　旋转式收缩套标贴标系统　　　图6-9　运行中的旋转式贴标机 © 2017 Accraply，Inc

6.3.2 直接贴标系统

直接贴标系统主要用于密封条。这个过程很简单：套标穿过模具，在那里被塑造成圆形。当被套上套标的容器沿着输送机移动时，切割机将通过的套标切开，使其刚好落在容器上。直接贴标系统的特点归纳如下：中低速运行、零件更换简单、设计紧凑，占地面积小。

直接贴标系统（图6-10）使用非常简单，通常使用低技术含量的更换部件，从操作员的角度看，这种系统可以进行简单快速的更换。

图6-10　直接贴标系统 © 2017 Accraply，Inc

6.3.3 芯轴贴标系统

芯轴（或子弹式）贴标系统是市场上使用最广泛的贴标系统。该系统使用芯轴或圆筒形管，套标在其周围打开（图6-11和图6-12）。芯轴被悬挂在驱动辊系统中，驱动辊将打开的套标沿芯轴向下移动，然后套标被旋转切割直接落到（或被驱动到）移动容器上。在这种类型的贴标中，芯轴与套标的接触比旋转贴标系统上的更广泛。与旋转式贴标系统或直接贴标系统相比，套标内部的分层尺寸宽容度以及摩擦因数（COF）特性对芯轴式系统来说更为重要。

图6-11　运行中的立式芯轴套标机© 2017 Accraply，Inc

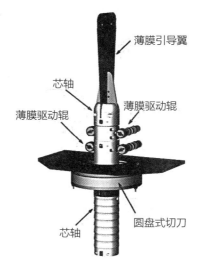

图6-12　立式芯轴贴标系统 © 2017 Accraply，Inc

　　在芯轴贴标系统中，因为需要将套标射出并贴标至容器上，所以容器移动的速度必须精确地与芯轴同步。另外，套标离开芯轴底部时，通常是在高速状态下，正是由于这个原因，芯轴系统主要用于圆形或者圆柱形容器，因为它们更适合这种类型的套标。芯轴贴标系统的特点归纳如下：更换零件更加复杂、中速至高速运行、适用于圆形或圆柱形容器、材料质量要求高、适合连续24h/7d连续工作。

6.4　收缩烘道

　　主要有三种类型的收缩烘道：

　　①热风；②辐射热；③蒸汽。本节将对现有技术进行总结，并讨论每种技术的优缺点。

6.4.1 热风烘道

热风烘道（图6-13）用途广泛，使用成本低廉，几乎可以连接任何电源。热风烘道提供定向热量，因此根据使用的设备类型，该系统中的许多不同管道能使热量集中在容器最需要收缩的区域。这使其成为集中加热颈部、凹陷处和凹槽的良好系统。热风烘道的优点有：①用途广泛；②成本低廉；③定向加热；④方便集中加热颈部、凹陷处和凹槽。热风烘道的缺点有：①空气传热效率不高；②装满/冷的产品会类似散热器，阻碍收缩；③"热阴影"会带来弊端，使收缩膜变形，收缩不均匀。

然而，热风烘道也有一些缺点。空气不是一种非常有效的传热介质。因此，热风烘道中的温度通常较高，以确保有足够的热量转移到薄膜上，进而开始收缩过程。由于温度较高，容器的前端，或者更具体地说，容器上的套标，在进入烘道时可能会过度暴露在热量中，导致收缩效果不均匀。这种情况在特定容器类型和工艺条件下尤其普遍，例如冷填充塑料或玻璃容器。缓解这一问题的一种方法是在容器通过烘道时使用旋转式输送机旋转容器。

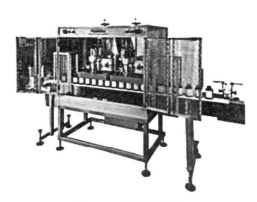

图6-13　热风收缩烘道

6.4.2 辐射热烘道

辐射热烘道（图6-14）主要用于在贴标之前预热玻璃容器，以减轻玻

图6-14　辐射热烘道的优缺点 © 2017 Accraply, Inc

璃的散热效应。另外，它也可以非常有效地用于收缩套标。辐射系统传递红外线热量，并且由于热量保留在内部，因此会形成类似烤箱的收缩环境。

由于其运行温度高，辐射热烘道的套标收缩非常剧烈，几乎没有机会将热量导向容器上的特定区域。此外，要得到均匀一致的收缩效果特别困难。例如，当进入烘道的套标前侧在后缘之前急剧收缩时，或者当容器两侧的套标暴露在比前后两端更大的热量下时，可能会导致套标被拉伸或者收缩不均匀。辐射热烘道中高温的另一个复杂之处在于，它们在空容器中可能会遇到困难。例如，在辐射热烘道中，在薄壁的空PET容器上收缩PET套标非常具有挑战性。

辐射热烘道的优点：①应用广泛；②可能实现很高的能量输入；③非常适合预热容器。

辐射热烘道的缺点：①不能定向加热；②"热阴影"会影响收缩效果；③套标的艺术设计和颜色变化会影响收缩效果；④特定类型的容器操作时需要特别小心。

6.4.3 蒸汽烘道

蒸汽烘道（图6-15）是大多数收缩套标贴标的首选设备，就工艺而言，它们具有一些明显的优势。蒸汽烘道是最常用的烘道类型，可与各种薄膜配合使用。等蒸汽包裹通过烘道的容器时，蒸汽将热量非常均匀地分配到薄膜的整个表面。并且，由于运用的是水蒸气，而水的传热效率是空气的20倍以上，可使烘道内的温度相对降低，因此环境也不那么恶劣。

蒸汽烘道是最受青睐的套标收缩方法，因为它们能提供最均匀的收缩结果，但是由于需要蒸汽发生器以及所有相关的管道、抽气装置，需要阀门齿轮和排水装置，所以它们的初始安装可能会更加复杂和昂贵。蒸汽的量以及由此产生的锅炉要求，将主要由套标生产线所需的产量决定。

蒸汽烘道里的容器通常是湿的。在有些情况下（例如，二次包装），可能需要用气刀干燥容器。

蒸汽烘道的优点：①应用广泛；②收缩质量最佳；③提供最大的加工过程窗口。蒸汽烘道的缺点：①需要增加蒸气源和相关设备的额外资金支出——管道、抽气阀，供水排水装置；②考虑内部/外部水分残留风险；③可能需要在某些容器上添加加热枪；④可能需要在干燥/脱水的容器中增加气刀。

总体来说，本章重点介绍了收缩套标生产过程中的最后步骤——将套标贴标到容器上，并对其进行收缩。与之前所有的步骤一样，在整个流程的每个步骤中，关注细节，下定决心做出明智的决策，提高产品质量，这些对于实现零售货架上的完美效果至关重要。由于每个容器和标签都面临各自的挑战，所以，在生产收缩套标时，没有千篇一律的解决方案。每一个决定，从选择容器形状和材料开始，都会影响到标签的最后加工环节贴标和收缩标签的最佳方法。而且，越早让贴标和收缩设备制造商参与决策过程，成功的可能性就越大。

图6-15　蒸汽收缩烘道的优缺点 © 2017 Accraply，Inc

第 7 章

挑战，学习和追求
完美

什么是收缩？

容器的选择和形状

分切与合掌是什么

套标的贴标

图形设计

薄膜是什么

分切与合掌的缺陷

　　本书的前几章是围绕收缩套标生产过程的基本原理展开论述的，向我们展示了如何制作完美的收缩套标，使我们对其生产过程的每个步骤进行了深入的了解。本章将列举实际生产中的案例，这些案例或多或少存在一些问题，共分为六个关键方面：容器选择和形状、薄膜选择、图形设计、油墨选择、分切与合掌、套标的贴标及收缩。通过前面的章节为大家提供了必要知识，并通过本章所提供的一些实际生产中的经验教训，希望大家能够对收缩套标生产过程有进一步的了解。

7.1 容器选择和形状

　　在货架展示需求方面，收缩套标的形状起着重要作用。最有影响力的套标产品往往是那些简单有效的结合形状和图形的产品。图7-1中的Pillsbury Doughboy是一个将形状与图形结合得比较好的案例。

　　图7-2中的泰迪熊具有同样效果，其强调了形状的价值。这个品牌的拥有者在一个定制的玻璃容器上投入了巨大的资金，它融合了熊的所有身体特征。

　　然而，形状并不总是具有异国情调才能非常有效。图7-3中的高光泽、性能极佳的Sunsweet®梅子干容器非常引人注目。它把防篡改（即私拆即留痕）的设计纳入其中，所表现出来的质量是完全实用的。

　　形状也可能造成不利，可以在下面两个案例中观察到。图7-4中的药草研磨瓶上贴有不干胶标签和防篡改套标。由于容器形状没有唇部或凹槽可以将防篡改套标缩入或缩入其中，因此防篡改套标实际上可以拆下并更换，并且不留下任何篡改证据。

图7-1　The Pillsbury Doughboy——一个特殊的形状和图形示例 © 2017 Accraply, Inc

图7-2　与图形相匹配的玻璃容器 © 2017 Accraply, Inc

图7-3　简单的形状和充满活力的图形形成较好的视觉冲击力 © 2017 Accraply，Inc

图7-4　防篡改套标失效的瓶子形状 © 2017 Accraply，Inc

　　虽然收缩套标技术是多功能的，但它并不能适用于任何形状的容器。图7-5所示的收缩套标可以很好地包裹在瓶子的肩部。

　　瓶子周围的水平槽为标定套标所在的位置提供了一种有效的方法。相反，瓶子的平滑柔和曲面不能提供这种标定，导致瓶上的套标是弯曲的，且套标表现出不一致和不美观。

　　制造容器的材料也会影响零售货架上最终产品的质量、外观和手感。例如，玻璃是一种坚硬的材料（与塑料相比），当容器在传送带上或运输过程中相互碰撞时，玻璃容器上的套标往往会受损。如图7-6所示的是玻璃容器经常会出现的损坏。

图7-5　瓶身上的凹槽或凸起为半身收缩套标提供了极好的固定点© 2017 Accraply，Inc

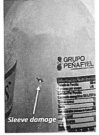

图7-6　玻璃瓶在运输过程中互相摩擦而造成套标损坏© 2017 Accraply，Inc

PET容器最适合应用收缩套标，HDPE相对来说较为复杂。如第6章所述，HDPE在收缩烘道中膨胀，冷却后收缩。因此，一旦容器冷却，收缩并套于在烘道中膨胀的HDPE容器上的套标就会变得松散，如图7-7所示，这可能会导致成品呈现不太理想。在圆形HDPE容器上，通常在套标内部添加热熔胶，以防止套标因其松动而在容器上旋转。

图7-7　HDPE容器膨胀后收缩，导致套标松动 © 2017 Accraply，Inc

7.2　薄膜选择的重要性

我们在第2章讨论了薄膜选择的重要性，这是贯穿本书且反复出现的主题。

图7-8和图7-9显示了在容器高收缩区域中未完成的收缩。虽然这是由于收缩问题造成的，但究其原因，是由于薄膜选择不正确。换而言之，所选择的薄膜没有足够的收缩能力，无法在高收缩区域形成完美的收缩。

我们需要认识到，由薄膜供应商提供的收缩膜具有一个特定的最大收缩率，且容差随薄膜供应商而变。施加额外的热量不会使薄膜收缩到超出设计要求的程度。此外，为特定容器选择收缩膜时，要考虑与薄膜供应商提供的薄膜收缩率容差一致的安全余量，通常为2%～5%。还应考虑到印刷后的薄膜不会收缩到与原始薄膜相同的程度。

图7-8　瓶盖上没有完全收缩的薄膜 © 2017 Accraply，Inc

图7-9　瓶子颈部没有完全收缩的薄膜 © 2017 Accraply，Inc

7.3　图形的重要性

　　收缩套标的图形设计样式显然是吸引人的主要因素。图形的吸引力只是基础，最终产品是要达到图形与容器形状的成功结合。

　　在收缩套标的设计中，标签是三维的这个最基本的概念往往被忽略，收缩套标不是一个平面标签，像一个不干胶或卷筒供给式的标签。

　　图7-10和图7-11是一个很好的例子，当一个设计师以二维思维进行收缩套标图形设计时，就会发生这种情况。他们忘记了他们的设计会在接缝处结合在一起或重叠。只要稍加深思熟虑，图7-10中的辣椒和大蒜的图形可能就不会像原来那样被切掉了。此外，由于接缝本身并不引人注意，因此，设计师应该在设计上避免接缝出现上述情况。

　　足球瓶的外形也是如此，如图7-11所示。如果在接缝处有一个更完整和更吸引人的饰面，那就不需要额外的费用了。相比之下，图7-12、图7-13和图7-14的接缝区域的图形是以三维的思维方式设计的，接缝处经过设计师修饰后过渡自然。

　　在收缩套标设计上，条形码的位置和方向也是另一个看似很小却经常被

图7-10　设计师忽略了套标容器接缝处的图形 © 2017 Accraply，Inc

图7-11　设计师忽略了套标足球容器接缝处的图形 © 2017 Accraply，Inc

图7-12　通过图形设计师的制作，套标容器的表面接缝处图形完美呈现。© 2017 Accraply，Inc

图7-13　通过图形设计师的制作，套标容器的表面接缝处图形完美呈现（一）。© 2017 Accraply，Inc

图7-14　通过图形设计师的制作，套标容器的表面接缝处图形完美呈现（二）。© 2017 Accraply，Inc

忽略的细节。第一条经验法则就是需要将条形码放置在低收缩区域，第二条经验法则建议条码在阶梯式方向垂直放置。由于大多数收缩发生在横向（即水平）方向，因此该方向的变形风险较小。如图7-15所示，由于横向收缩的缘故，可能无法读取水平放置的条形码。图7-16显示了正确的条形码位置和方向。

　　图形设计的最后一个要点是利用整个画布，图7-17是一个用于替换前后不干胶标签的收缩套标，看起来完全像一个不干胶标签。在这种情况下，就完全失去了收缩套标应当表现的特性。

图7-15　水平排列的二维码在收缩套标容器表面出现了变形 © 2017 Accraply，Inc

图7-16　收缩套标容器表面正确二维码的设计 © 2017 Accraply，Inc

图7-17　看起来像不干胶的收缩套标 © 2017 Accraply，Inc

7.4　油墨选择的重要性

第4章对收缩油墨所需的独特性能进行了广泛的介绍，并概述了每种主要印刷技术中油墨收缩的注意事项。

油墨在收缩套标领域所面临的挑战通常在收缩过程之后才会显现出来，这就强调了测试的必要性，只要可能，就需要在实际生产的烘道中进行测试。图7-18说明了"油墨堆积"的概念。

由于油墨变稠或聚集而发生颜色变化。图7-19中剥离的标签证实了这一论断。造成这一缺陷的原因很可能是由于油墨质量的问题，或者是收缩套标对油墨配制的苛刻要求造成的。缺少足够的"滑爽特征"可能会使问题更加复杂，因为该特性使油墨和套标在收缩过程中可以在容器的肋形面上自由移动。它也可能是由工艺过程中套标收缩过快引起的。通常来说，更缓慢、更渐进的收缩会更有益。

图7-20说明了"树皮"或"橘皮"的概念。右侧的容器在高收缩肩部区域显示出缺陷，而左侧的容器则看起来很好。可能区别在于，左边的容器在这个区域的油墨量较低，这意味着当薄膜收缩时，可以"聚集"的油墨更少。图7-21证实油墨化学成分未能在高收缩区域与薄膜保持一致，在高收

图7-18　油墨堆积引起颜色的变化©
2017 Accraply，Inc

图7-19　剥离的标签上显示出油墨堆积后标签
颜色的变化© 2017 Accraply，Inc

图7-20　右边的容器显示了由于油墨过
度沉积而导致的"树皮"现象© 2017
Accraply，Inc

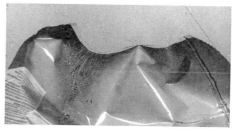

图7-21　套标背部的"树皮"现象© 2017
Accraply，Inc

缩区域明显缺乏附着力。

在收缩套标中，图7-22、图7-23和图7-24是最常见的套标缺陷。问题是：我们在这里观察到的是"湿T恤"效应还是"透明胶带"效应？第4章提到了这些现象以及它们之间的区别，尽管从远处看它们表现得非常相似。总而言之，"湿T恤"效应发生在蒸汽通道中水分被夹在套标和容器之间，它会随着水分蒸发而及时消失。然而，"透明胶带"效应是永久性的，它来源于光线被两个彼此紧密接触光滑的表面（容器表面和薄膜内表面）折射形成的现象。

这种影响在透明区域最明显（图7-22），但正如我们在图7-23、图7-24和图7-25中所看到的那样，它不仅限于透明区域。从图7-23和图7-24可以很明显地看出，在容器的角落，即薄膜承受最大应力的地方，其视觉效果最为明显。当容器的内容物是深色或黑色时，效果就更明显。当印刷套标时，

图7-22　玻璃瓶的透明标签区域上的"透明胶带"效应 © 2017 Accraply，Inc

图7-23　"透明胶带"效应不仅限于标签的透明区域 © 2017 Accraply，Inc

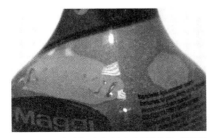

图7-24　玻璃瓶高收缩表面区域的"透明胶带"效应 © 2017 Accraply，Inc

图7-25　PET瓶低收缩区域的"透明胶带"效应 © 2017 Accraply，Inc

增加油墨的不透明度，或在透明套标和套标的透明区域使用亮光光油，通常可以克服这种现象。在任何情况下，最有效的补救措施是在两个表面之间最后印刷一层带纹理的白色油墨或光油。

7.5 二次加工步骤——分切和合掌

通过回顾第5章中的一些主要内容，需要大家注意的是在分切和合掌过程中出现的三个主要缺陷。

剪切式分切收缩膜在第5章已给出了明确的建议。由图7-26可见，由于使用剃刀式分切或不正确的剪切式分切操作，导致分切后收缩薄膜卷料边缘凸起。图7-27展示的是扇形的边缘。在最理想的情况下，这些扇形的边缘也很难被较好地涂布上溶剂且与另一边重叠，在这种情况下想要制作一个完美的接缝就比较困难了，通常会出现一个较难看的接缝，如图7-28所示。

经收缩后，虽然结果不会如图7-28所示那么糟糕，图7-29中套标的接缝也不完美。为什么？答案仍在于分切。另外，经剪切式分切得到的卷膜不带扇形边缘，剪切式分切的正确实施可以产生清晰、干净的切口，而这种切口有利于溶剂顺利流到边缘。

图7-26　分切后卷料边缘翘起 © 2017
Accraply，Inc

图7-27　收缩膜扇形分切边缘 © 2017
Accraply，Inc

如果没有那种锋利的切口，或剃刀式分切所产生的锯齿状切口，溶剂将无法顺利地到达边缘，从而导致接缝效果不尽如人意。图7-29为一个示例，由于溶剂没有顺畅到达"边缘"，而未形成一个完美的接缝。

图7-30显示了一个爆裂接缝，它是以溶剂为主的黏合，爆裂发生在压力最大的收缩区。那么是什么导致了爆裂呢？有几种可能的解释，包括：溶剂的化学性能与薄膜性能不匹配，导致黏合不牢固；接缝处被油墨或润版液污染，妨碍黏合；或者是合掌机的机械问题，导致溶剂输送不足。

加工步骤中一个非常常见的缺陷是在合掌设备上沿管道折叠线上产生的折痕。图7-31中，难看的褶皱线条源自于合掌机上的轧辊留下的折痕，解决方案是避免产生挤压边缘，这在第5章中已经讨论过。

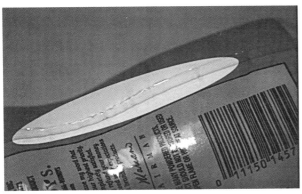

图7-28　由于溶剂未完全流延到边缘而导致的封合问题 © 2017 Accraply，Inc

图7-29　溶剂未完全到达边缘的接缝 © 2017 Accraply，Inc

图7-30　接缝爆裂 © 2017 Accraply，Inc

图7-31　有折线的套标 © 2017 Accraply，Inc

图7-32给的例子是油墨在折线处已经裂开，透出白色容器。图7-33是一个受同样的影响显现出来的不同结果，由于受到折线的影响，油墨虽然没有出现裂纹，但却阻碍了薄膜和油墨的顺利收缩，导致缺陷的出现。

图7-32　折线处油墨有裂纹的套标 © 2017 Accraply，Inc

图7-33　折线阻碍了套标连续而流畅收缩的能力 © 2017 Accraply，Inc

7.6　套标的贴标和收缩

在生产的最后阶段，就是着手将套标贴标到容器上，然后收缩，这时候会出现许多挑战。由于早期流程或步骤中产生的问题在此刻是很难补救的，但在此时，那些与贴标和收缩特别相关的问题肯定在我们纠正的范围之内。

对于所有的收缩套标贴标，都有一个容器处理组件，也就是说，在第一个实例中，容器应统一连续地输送到贴标设备，并根据容器的形状将套标精确地套贴于其表面。如图7-34所示，这很明显是由上述原因产生缺陷的产品。由于每个容器摆放的位置不同，导致其在零售货架上的表现力非常差。在这种情况下，容器的形状可能加剧了这一问题，但无论如何这都是可以避免。此外，套标底部和顶部的切口既不正确，也不一致。如图7-35所示，使用盖子上的心形图标作为参考中心线，我们可以直观地观察到标签在容器上的定位是不一致的。

　　收缩套标最早的经验之一就是套标的颜色可能对收缩产生影响。图7-36显示了通过同一条烘道的相同玻璃瓶，一个带有黑色套标，另一个带有白色套标。白色套标收缩得很好，而黑色套标则没有。简单的物理过程在此起了作用，即白色反射热量，黑色吸收热量。因此，相同的烘道和相同的设置将产生不同的结果。通常，颜色的影响在辐射烘道或热风烘道中比在蒸汽烘道中更为明显。调整烘道类型应该可以解决黑色套标的问题，除非在高收缩区域也有油墨或油墨堆积量出现问题。通常，为了让黑色获得所需的颜色密度，油墨量就会增加，致使薄膜难以良好收缩。

图7-34　套标贴标不一致（一）© 2017 Accraply，Inc

图7-35　套标贴标不一致（二）© 2017 Accraply，Inc

图7-36　收缩效果因油墨颜色而异 © 2017 Accraply，Inc

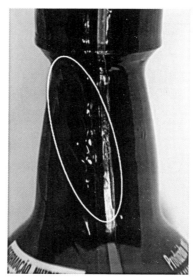

图7-37　玻璃瓶上的"鱼眼"© 2017
Accraply, Inc

　　图7-37仍然是收缩引发的案例，它提出了称之为"鱼眼"的问题。当玻璃被作为散热器时，在第6章中提到了这个问题的根源。换句话说，当加热后的收缩膜与较冷的玻璃瓶表面接触时，薄膜的收缩就会受阻。通常，解决方案是在收缩套标贴标之前预热玻璃容器。在辐射烘道和热风烘道中，"鱼眼"问题往往会更严重。只要在烘道中有足够的停留时间，蒸汽通常会在较冷的容器上产生更好的结果。如图7-37中，由于受接缝的影响，限制了该高收缩区域中的收缩。

　　图7-38具有类似的特征，"鱼眼"以及高收缩肩部出现皱纹。容器若成为散热器，将再次导致"鱼眼"现象。尽管此容器不是玻璃容器，但它可能是冷灌装产品，因此导致相同结果。皱纹可能是由于薄膜未在容器表面充分滑动而造成的。该产品也可能在辐射烘道中收缩，却没有配备旋转式传送带，否则可能会使薄膜收缩得更均匀。

　　如图7-39、图7-40和图7-41所示，都是在瓶子的颈部呈现相同的问题，该位置需要的收缩量极大。实际上，这种"颈部塌陷"是非常常见的故障，通常与收缩太快有关。我们总是希望从下至上缓慢收缩，这种逐渐收缩

图7-38 在瓶的肩部和颈部出现"鱼眼"和皱纹 © 2017 Accraply，Inc

图7-39 高收缩容器上的"颈部塌陷"© 2017 Accraply，Inc

图7-40 高收缩容器上的"颈部塌陷"© 2017 Accraply，Inc

可能需要分区烘道或多个烘道。在任何情况下，图7-39、图7-40和图7-41中显示的结果很可能都是由于烘道过热而导致的，导致薄膜变软并在收缩至瓶子之前自行塌陷。

图7-42提供了一个有趣的机会来回顾整本书中的一些经验。我们正在诊断的缺陷称为"回卷"或"开花"。发生这种情况的原因是套标的印刷部分被切穿了，换句话说，就是套标顶部没有留空白区域。

这些空白区域很重要，因为在没有油墨的情况下，它们往往收缩得更多更快，从而起到积极地将收缩套标拉紧在容器顶部的作用。在该示例中，如果没有在套标顶部设置空白区域来控制收缩过程，则根据油墨收缩方式，在薄膜的内部和外部之间可能会产生收缩差异。换句话说，薄膜要比油墨收缩得更快，并且最终产生的卷曲总是从内向外发生，如图7-42所示。在油墨密度最大的高收缩率区域，这一点尤其明显。

总而言之，我们着眼于收缩套标生产过程中令人振奋的行程，以期最终达到完美。我们已经展示了如何选择正确的"要素"，与供应商合作，以及在整个流程的每个步骤中专注于细节的重要性。在阐明了整个工艺流程中存在的无数挑战的同时，也展示了这种令人兴奋的标签技术带来的无限机遇。尽管在学习收缩套标知识的整个过程中可能会遇到一些问题，但只要对工艺流程的每个步骤都给予适当的关注和考虑，那么所取得的成功将使您的知识水平超出本书所涵盖的范围。对于每个专业领域，都有机会进行自我学习，并将学到的知识贡献到这个行业中。

图7-41　高收缩容器上的"颈部塌陷"© 2017
Accraply，Inc

图7-42　瓶子颈部上的"回卷"问题
© 2017 Accraply，Inc